全国一级建造师执业资格考试考霸笔记

编写委员会

蔡 鹏 炊玉波 高海静 葛新丽 黄 凯 李瑞豪
梁 燕 林丽菡 刘 辉 刘 敏 刘鹏浩 刘 洋
马晓燕 千成龙 孙殿桂 孙艳波 王竹梅 武佳伟
杨晓锋 杨晓雯 张 帆 张旭辉 周 华 周艳君

前　言

从每年一级建造师考试数据分析来看，一级建造师考试考查的知识点和题型呈现综合性、灵活性的特点，考试难度明显加大，然而枯燥的文字难免让考生望而却步。为了能够帮助广大考生更容易理解考试用书中的内容，我们编写了这套“全国一级建造师执业资格考试考霸笔记”系列丛书。

这套丛书由建造师执业资格考试培训老师根据“考试大纲”和“考试教材”对执业人员知识能力要求，以及对历年考试命题规律的总结，通过图表结合的方式精心组织编写。本套丛书是对考试用书核心知识点的浓缩，旨在帮助考生梳理和归纳核心知识点。

本系列丛书共 7 分册，分别是《建设工程经济考霸笔记》《建设工程项目管理考霸笔记》《建设工程法规及相关知识考霸笔记》《建筑工程管理与实务考霸笔记》《机电工程管理与实务考霸笔记》《市政公用工程管理与实务考霸笔记》《公路工程管理与实务考霸笔记》。

本系列丛书包括以下几个显著特色：

考点聚焦　本套丛书运用思维导图、流程图和表格将知识点最大限度地图表化，梳理重要考点，凝聚考试命题的题源和考点，力求切中考试中 90% 以上的知识点；通过大量的实操图对考点进行形象化的阐述，并准确记忆、掌握重要知识点。

重点突出　编写委员会通过研究分析近年考试真题，根据考核频次和分值划分知识点，通过星号标示重要性，考生可以据此分配时间和精力，以达到用较少的时间取得较好的考试成绩的目的。同时，还通过颜色标记提示考生要特别注意的内容，帮助考生抓住重点，突破难点，科学、高效地学习。

贴心提示　本套丛书将不好理解的知识点归纳总结记忆方法、命题形式，提供复习指导建议，帮助考生理解、记忆，让备考省时省力。

[书中红色字体标记表示重点、易考点、高频考点；蓝色字体标记表示次重点]。

此外，为行文简洁明了，在本套丛书中用“[14、21年单选，15年多选，20年案例]”表示“2014、2021年考核过单项选择题，2015年考核过多项选择题，2020年考核过实务操作和案例分析题。”

为了使本套丛书尽早与考生见面，满足广大考生的迫切需求，参与本套丛书策划、编写和出版的各方人员都付出了辛勤的劳动，在此表示感谢。

本套丛书在编写过程中，虽然几经斟酌和校阅，但由于时间仓促，书中不免会出现不当之处和纰漏，恳请广大读者提出宝贵意见，并对我们的疏漏之处进行批评和指正。

目　录

1A420000 建筑工程项目施工管理

1A410000 建筑工程技术

1A411000 建筑设计与构造

1A411010 建筑设计

【考点 1】建筑物分类与构成体系（☆☆☆☆）[21、22 年单选，18、19 年多选]

1. 建筑物的分类

（1）按建筑物的用途分类

按建筑物的用途分类　　表 1A411010-1

分类	举例
民用建筑	（1）居住建筑又可分为住宅建筑和宿舍建筑。 （2）公共建筑包括行政办公建筑、文教建筑、科研建筑、医疗建筑、商业建筑等
工业建筑	生产车间、辅助车间、动力用房、仓储建筑等
农业建筑	温室、畜禽饲养场、粮食和饲料加工站、农机修理站等

21 年对此处进行了单项选择题形式的考核。主要能够区分民用建筑和工业建筑即可。

（2）按建筑物的层数或高度分类

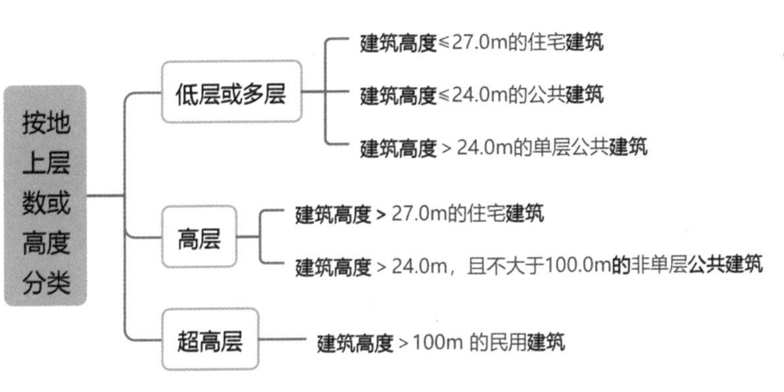

图 1A411010-1　按建筑物层数或高度分类

除了上述要点，还要了解高层民用建筑根据其建筑高度、使用功能和楼层的建筑面积可分为一类和二类的划分标准，尤其是一类高层民用建筑的划分标准。

（3）按民用建筑的规模大小分类

按民用建筑的规模大小分类　　表 1A411010-2

大量性建筑	大型性建筑
住宅、学校、商店、医院等	大型体育馆、大型剧院、大型火车站和航空港、大型展览馆等

本考点的考核形式主要在于对二者的区分，命题方式为：属于或不属于某一类的建筑是（　　）。

2. 建筑物的构成

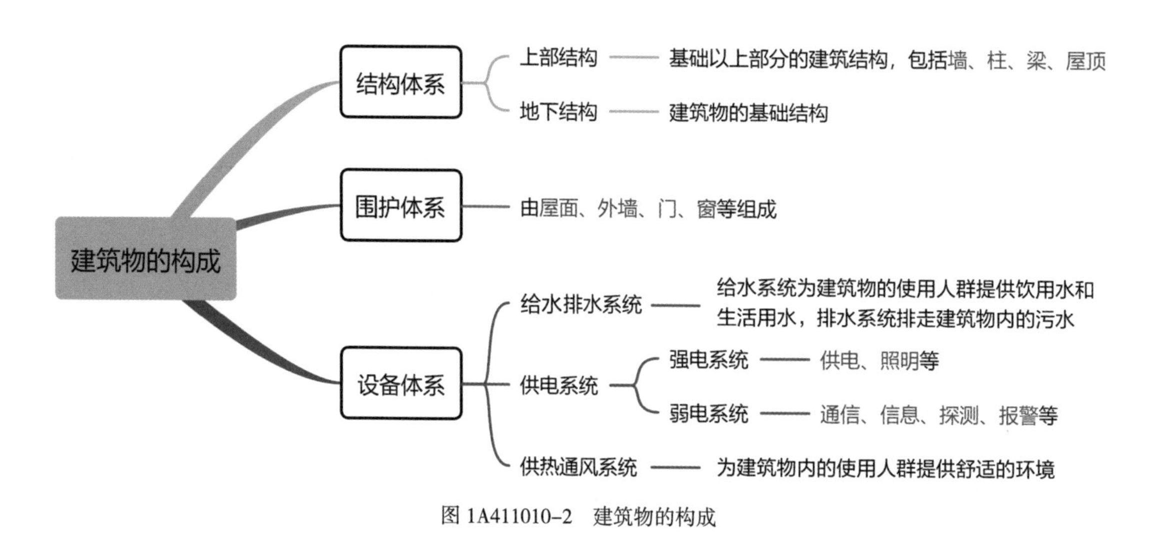

图 1A411010-2　建筑物的构成

本考点虽为考核空白点但也是不错的命题素材，要避免知识漏洞。

【考点 2】建筑设计要求（☆☆☆）[19 年单选]

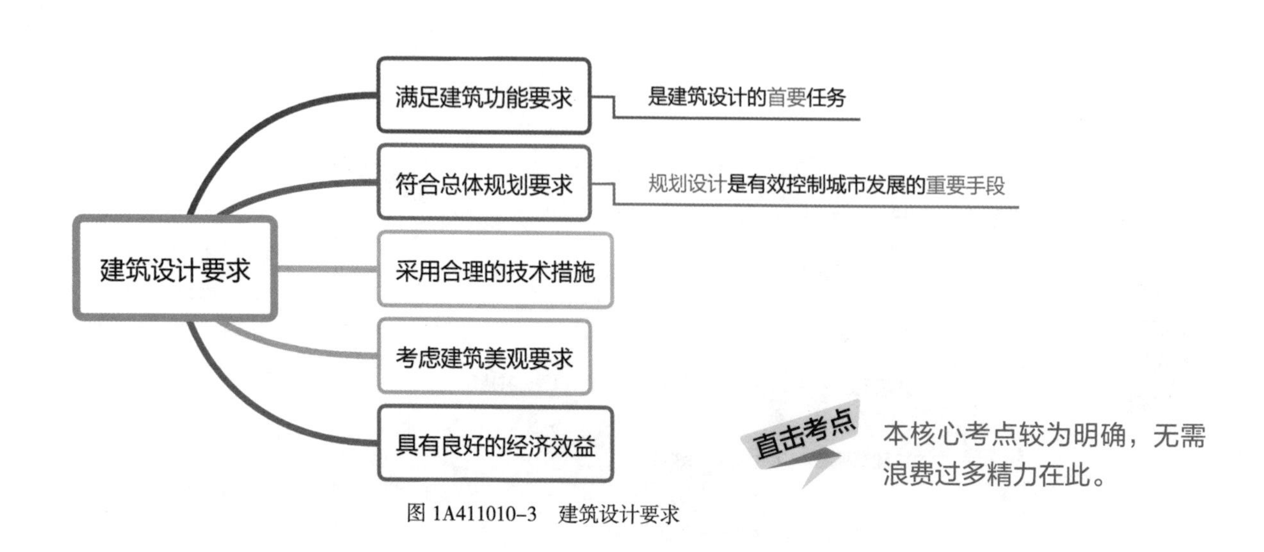

图 1A411010-3　建筑设计要求

1A411020 建筑构造

【考点 1】建筑构造设计要求（☆☆☆☆☆）[13、18、22 年单选，16、17、19、20、21 年多选]

1. 室内疏散楼梯的最小净宽度

室内疏散楼梯的最小净宽度　表 1A411020-1

建筑类别	医院病房楼	居住建筑	其他建筑
疏散楼梯的最小净宽度（m）	1.30	1.10	1.20

2. 楼梯的空间尺度要求

楼梯踏步最小宽度和最大高度（m）　表 1A411020-2

楼梯类别	最小宽度	最大高度
以楼梯作为主要垂直交通的公共建筑、非住宅类居住建筑的楼梯	0.26	0.165
住宅建筑公共楼梯、以电梯作为主要垂直交通的多层公共建筑和高层建筑裙房的楼梯	0.26	0.175
以电梯作为主要垂直交通的高层和超高层建筑楼梯	0.25	0.180
幼儿园、中小学校等楼梯	0.26	0.15

（1）表中公共建筑及非住宅类居住建筑不包括托儿所、幼儿园、中小学及老年人照料设施。

（2）关于最小宽度可以看出电梯为主 0.25、楼梯为主 0.26 的不同

（3）关于楼梯的空间尺度要求还要掌握下述要点：

1）公共楼梯休息平台上部及下部过道处的净高不应小于 2.00m，梯段净高不应小于 2.20m。

2）公共楼梯每个梯段的踏步一般不应超过 18 级，亦不应少于 2 级。

3）公共楼梯应至少于单侧设置扶手。

4）室内楼梯扶手高度自踏步前缘线量起不宜小于 0.90m。

5）踏步前缘部分宜有防滑措施。

（4）本考点的命题形式举例如下：

1）室内疏散楼梯踏步最小宽度不小于 0.26m 的工程类型有（　　）。

2）关于楼梯空间尺度要求的说法，正确的有（　　）。

3）×× 楼梯的最大高度为（　　）。

（5）楼梯的构造如下图所示。

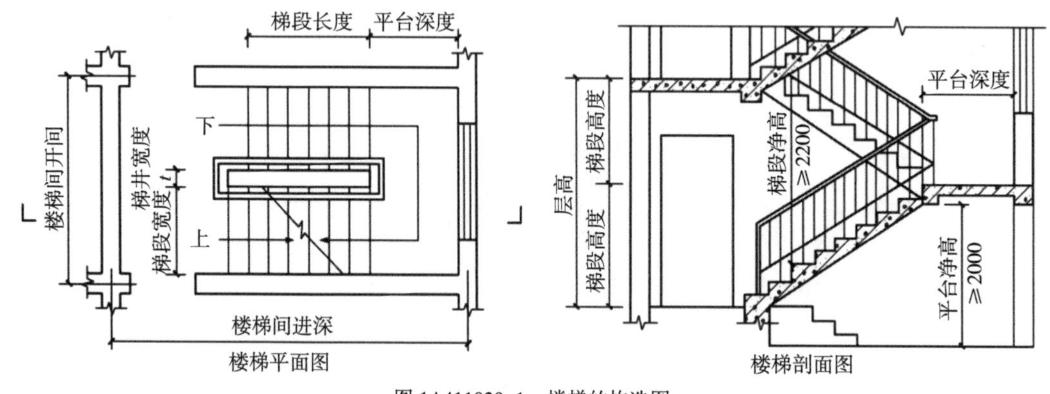

图 1A411020-1　楼梯的构造图

3. 墙体的建筑构造

◆墙体防潮、防水应符合下列规定：
（1）砌筑墙体应在室外地面以上、室内地面垫层处设置连续的水平防潮层，室内相邻地面有高差时，应在高差处贴邻土壤一侧加设防潮层；
（2）有防潮要求的室内墙面迎水面应设防潮层，有防水要求的室内墙面迎水面应采取防水措施；
（3）有配水点的墙面应采取防水措施。
◆外墙的洞口、门窗等处应采取防止墙体产生变形裂缝的加强措施。
◆外窗台应采取排水、防水构造措施。

4. 墙身细部构造

◆女儿墙：与屋顶交接处必须做泛水，高度不小于 250mm。为防止女儿墙外表面的污染，压檐板上表面应向屋顶方向倾斜 10%，并出挑不小于 60mm。
◆非承重墙的要求：保温隔热；隔声、防火、防水、防潮等。

一张图了解民用建筑的构造。

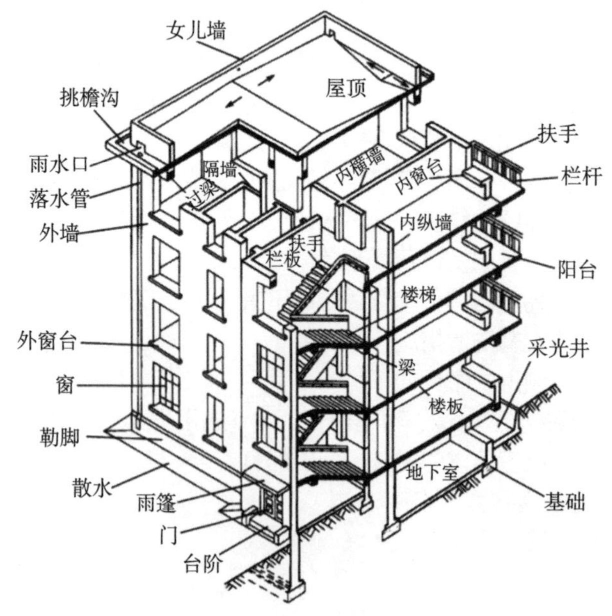

图 1A411020-2　民用建筑的构造

5. 屋面、楼面的建筑构造

（1）屋面最小坡度

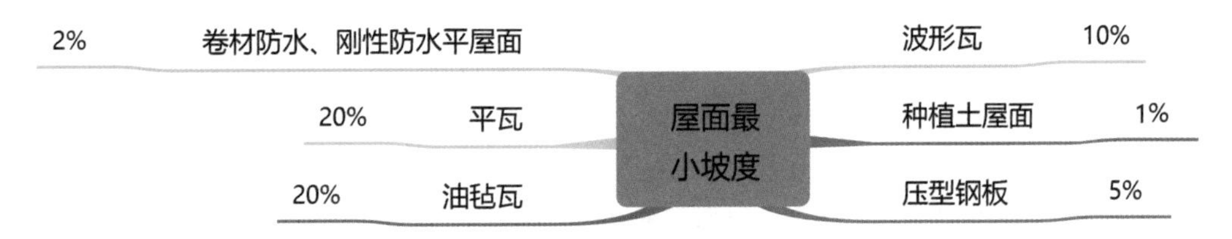

图 1A411020-3　屋面最小坡度

此处可能会以单选题的选项进行独立考核，也可能会作为一个选项与其他考点进行综合性的考核。

（2）屋面和楼地面的规定

屋面和楼地面的规定　　表 1A411020-3

项目	规定
屋面	（1）严寒和寒冷地区的屋面应采取防止冰雪融坠的安全措施。 （2）坡度大于 45° 瓦屋面，以及强风多发或抗震设防烈度为 7 度及以上地区的瓦屋面，应采取防止瓦材滑落、风揭的措施。 （3）种植屋面应满足种植荷载及耐根穿刺的构造要求
楼地面	（1）满足隔声、保温、防水、防火等要求，其铺装面层应平整、防滑、耐磨、易清洁。 （2）建筑内的厕所（卫生间）、浴室、公共厨房、垃圾间等场所的楼面、地面，开敞式外廊、阳台的楼面应设防水层。 （3）地面应根据需要采取防潮、防止地基土冻胀或膨胀、防止不均匀沉陷等措施。 （4）幼儿园建筑中乳儿室、活动室、寝室及音体活动室宜为暖性、弹性地面

6. 门窗的建筑构造

门窗的建筑构造　　表 1A411020-4

项目	内容
门窗构造要求	（1）应满足抗风、水密、气密等性能要求。 （2）民用建筑（除住宅外）临空窗的窗台距楼地面的净高低于 0.80m 时应设置防护设施，防护高度由楼地面（或可踏面）起计算不应小于 0.80m
天窗的设置	（1）采光天窗应采用防破碎坠落的透光材料，当采用玻璃时，应使用夹层玻璃或夹层中空玻璃。 （2）天窗应设置冷凝水导泄装置

续表

项目	内容
防火门、防火窗和防火卷帘	（1）防火门、防火窗应划分为甲、乙、丙三级，其耐火极限：甲级应为 1.5h；乙级应为 1.0h；丙级应为 0.5h。 （2）防火门应为向疏散方向开启的平开门。 （3）用于疏散的走道、楼梯间和前室的防火门，应具有自行关闭的功能。 （4）设在变形缝处附近的防火门，应设在楼层数较多的一侧，且门开启后门扇不应跨越变形缝。 （5）在设置防火墙确有困难的场所，可采用防火卷帘作防火分区分隔。 （6）设在疏散走道上的防火卷帘应在卷帘的两侧设置启闭装置，并应具有自动、手动和机械控制的功能

（1）本考点于 2020 和 2021 年连续以多项选择题的形式进行了考核，可见其重要程度。

（2）本考点的命题方式举例如下：

1）下列防火门构造的基本要求中，正确的有（　　）。

2）关于疏散走道上设置防火卷帘的说法，正确的有（　　）。

【考点 2】建筑装饰装修构造要求（☆☆☆☆）[17、18、22 年多选]

1. 装饰装修构造设计要求

本考点于 2017 年进行了多项选择题形式的考核。

◆与建筑主体的附着。
◆装修层的厚度与分层、均匀与平整。
◆与建筑主体结构的受力和温度变化相一致。
◆提供良好的建筑物理环境、生态环境、室内无污染环境、色彩无障碍环境。
◆防火、防水、防潮、防空气渗透和防腐处理等问题。

2. 建筑装修材料分类

直击考点

本考点多会以“下列装修材料中，属于 ×× 材料的是（　　）”的形式进行命题。

图 1A411020–4　建筑装修材料分类

3. 吊顶装修构造

吊顶装修构造 表 1A411020-5

项目	内容
顶棚分类	直接式顶棚和悬吊式顶棚
装修构造及施工要求	（1）吊杆长度＞1.5m 时，应设置反支撑或钢制转换层。 （2）吊点距主龙骨端部的距离不应大于 300mm。 （3）大面积吊顶或在吊顶应力集中处应设置分缝，留缝处龙骨和面层均应断开，以防止吊顶开裂。 （4）重型灯具、电扇、风道及其他重型设备严禁安装在吊顶工程的龙骨上

本考点可能会以“关于吊顶装修构造的说法，正确的是（ ）”的形式进行单项选择题形式的考核。

4. 墙体建筑装修构造

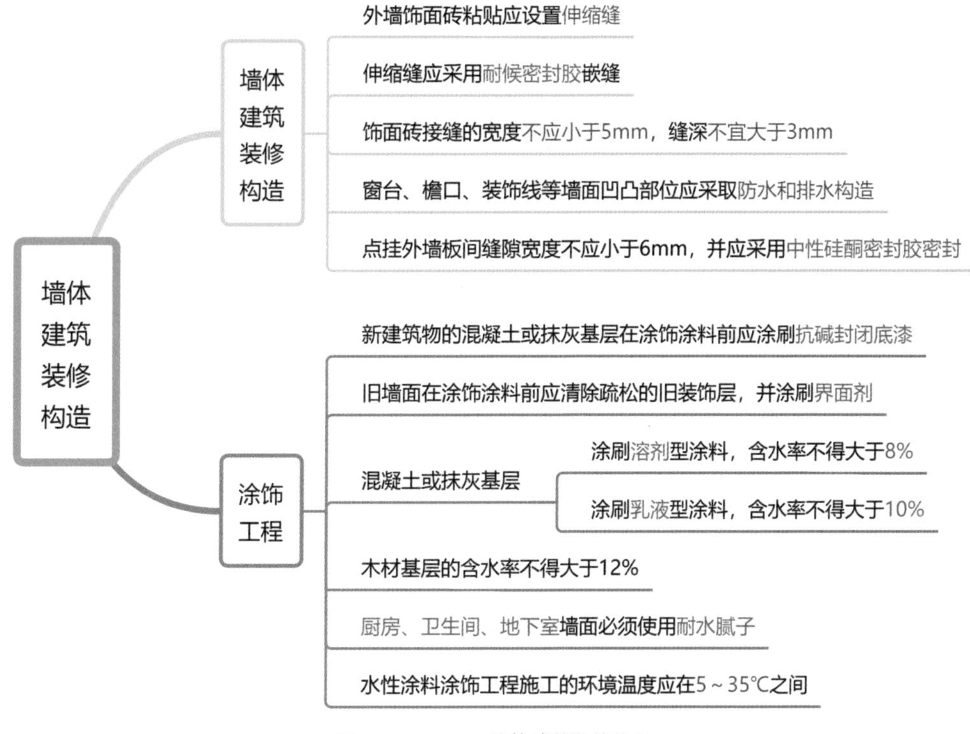

图 1A411020-5 墙体建筑装修构造

（1）涂饰工程的构造要求是重中之重，其于 2018、2022 年进行了重复性的考核，尤其要掌握哪些墙面必须使用耐水腻子。

（2）本考点的命题方式主要有如下两种：

1）涂饰施工中必须使用耐水腻子的部位有（ ）。

2）关于涂饰工程基层处理，正确的有（ ）。

5. 地面装修构造

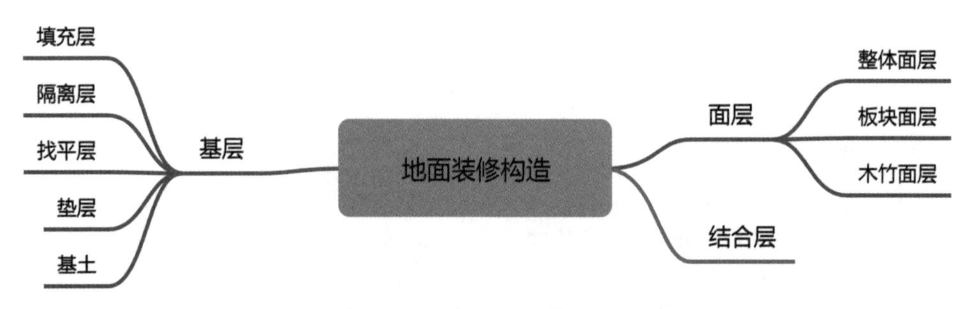

图 1A411020-6　地面装修构造

1A412000 结构设计与构造

1A412010 结构可靠性要求

【考点 1】结构工程的安全性（☆☆☆）[15 年单选，14、17 年多选]

1. 结构的功能要求

◆安全性。
◆适用性。
◆耐久性。

（1）上述三个特性为必须牢记的知识点。
（2）本考点的命题方式主要有如下两种：
1）某厂房在经历强烈地震后，其结构仍能保持必要的整体性而不发生倒塌，此项功能属于结构的（　　）。
2）建筑结构应具有的功能有（　　）。

2. 安全等级的划分

安全等级的划分　　表 1A412010-1

安全等级	一级	二级	三级
破坏后果	很严重	严重	不严重

3. 房屋建筑的结构设计工作年限

房屋建筑的结构设计工作年限　　表 1A412010-2

类别	设计工作年限（年）	举例
临时性建筑结构	5	
普通房屋和构筑物	50	
特别重要的建筑结构	100	

【考点 2】结构工程的适用性（☆☆☆）[21 年单选]

结构工程的适用性　　表 1A412010-3

项目	内容	
杆件刚度与梁的位移计算	q l 梁由弯矩引起的变形图	$f=\frac{ql^4}{8EI}$ 影响梁变形的因素除荷载外，还有： （1）材料性能：与材料的弹性模量 E 成反比； （2）构件的截面：与截面的惯性矩 I 成反比，如矩形截面梁，其截面惯性矩 $I_Z=\frac{bh^3}{12}$； （3）构件的跨度：与跨度 l 的 n 次方成正比，此因素影响最大
混凝土结构的裂缝控制	主要针对混凝土梁（受弯构件）及受拉构件，分为三个等级： （1）构件不出现拉应力； （2）构件虽有拉应力，但不超过混凝土的抗拉强度； （3）允许出现裂缝，但裂缝宽度不超过允许值。 对（1）、（2）等级的混凝土构件，一般只有预应力构件才能达到	

【考点 3】结构工程的耐久性（☆☆☆☆☆）[13、14、16、17、18、22 年单选]

1. 混凝土结构耐久性的环境类别

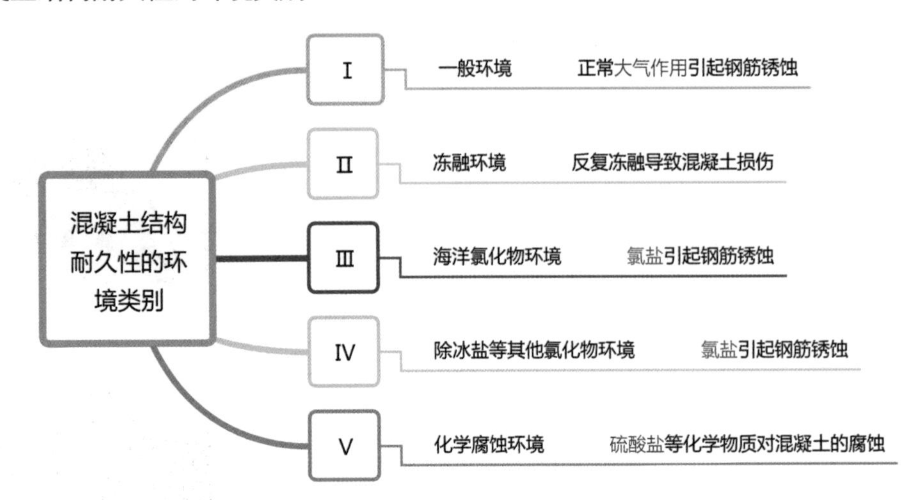

图 1A412010 混凝土结构耐久性的环境类别

本考点于 2017 年进行了单项选择题形式的考核，命题方式为：海洋环境下，引起混凝土内钢筋锈蚀的主要因素是（ ）。

2. 满足耐久性要求的混凝土最低强度等级

满足耐久性要求的混凝土最低强度等级　　表 1A412010-4

环境类别与作用等级	设计使用年限		
	100 年	50 年	30 年
Ⅰ-A	C30	C25	C25
Ⅰ-B	C35	C30	C25
Ⅰ-C	C40	C35	C30
Ⅱ-C	C_a35、C45	C_a30、C45	C_a30、C40
Ⅱ-D	C_a40	C_a35	C_a35
Ⅱ-E	C_a45	C_a40	C_a40
Ⅲ-C、Ⅳ-C、Ⅴ-C、Ⅲ-D、Ⅳ-D	C45	C40	C40
Ⅴ-D、Ⅲ-E、Ⅳ-E	C50	C45	C45
Ⅴ-E、Ⅲ-F	C50	C50	C50

（1）预应力混凝土楼板结构混凝土最低强度等级不应低于 C30，其他预应力混凝土构件的混凝土最低强度等级不应低于 C40；C_a 为引气混凝土。

（2）本考点在耐久性中是考核频次最高的要点，且易重复进行考核。

（3）本考点的命题方式举例如下：

1）预应力混凝土构件的混凝土最低强度等级不应低于（ ）。

2）预应力混凝土楼板结构的混凝土最低强度等级不应低于（ ）。

3）设计使用年限 50 年的普通住宅工程，其结构混凝土的强度等级不应低于（ ）。

3. 一般环境中混凝土材料与钢筋最小保护层厚度

大截面混凝土墩柱在加大钢筋混凝土保护层厚度的前提下，其混凝土强度等级可低于下表的要求，但降低幅度不应超过两个强度等级，且设计使用年限为 100 年和 50 年的构件，其强度等级不应低于 C25 和 C20。

一般环境中混凝土材料与钢筋最小保护层厚度　　表 1A412010-5

设计使用年限 / 环境作用等级		100 年			50 年			30 年		
		混凝土强度等级	最大水胶比	最小保护层厚度（mm）	混凝土强度等级	最大水胶比	最小保护层厚度（mm）	混凝土强度等级	最大水胶比	最小保护层厚度（mm）
板、墙等面形构件	Ⅰ-A	≥ C30	0.55	20	≥ C25	0.60	20	≥ C25	0.60	20
	Ⅰ-B	C35 ≥ C40	0.50 0.45	30 25	C30 ≥ C35	0.55 0.50	25 20	C25 ≥ C30	0.60 0.55	25 20
	Ⅰ-C	C40 C45 ≥ C50	0.45 0.40 0.36	40 35 30	C35 C40 ≥ C45	0.50 0.45 0.40	35 30 25	C30 C35 ≥ C40	0.55 0.50 0.45	30 25 20
梁、柱等条形构件	Ⅰ-A	C30 ≥ C35	0.55 0.50	25 20	C25 ≥ C30	0.60 0.55	25 20	≥ C25	0.60	20
	Ⅰ-B	C35 ≥ C40	0.50 0.45	35 30	C30 ≥ C35	0.55 0.50	30 25	C25 ≥ C30	0.60 0.55	30 25
	Ⅰ-C	C40 C45 ≥ C50	0.45 0.40 0.36	45 40 35	C35 C40 ≥ C45	0.50 0.45 0.40	40 35 30	C30 C35 ≥ C40	0.55 0.50 0.45	35 30 25

注：1. Ⅰ-A 环境中使用年限低于 100 年的板、墙，当混凝土骨料最大公称粒径不大于 15mm 时，保护层最小厚度可降为 15mm，但最大水胶比不应大于 0.55；

2. 年平均气温大于 20℃且年平均湿度大于 75% 的环境，除Ⅰ-A 环境中的板、墙构件外，混凝土最低强度等级应比表中规定提高一级，或将保护层最小厚度增大 5mm；

3. 直接接触土体浇筑的构件，其混凝土保护层厚度不应小于 70mm；

4. 处于流动水中或同时受水中泥沙冲刷的构件，其保护层厚度宜增加 10 ~ 20mm；

5. 预制构件的保护层厚度可比表中规定减少 5mm；

6. 当胶凝材料中粉煤灰和矿渣等掺量小于 20% 时，表中水胶比低于 0.45 的，可适当增加。

本考点的常见命题形式举例如下：

（1）直接接触土体浇筑的普通钢筋混凝土构件，其混凝土保护层厚度不应小于（　）。

（2）设计使用年限为 50 年、处于一般环境中的大截面钢筋混凝土柱，其混凝土强度等级不应低于（　）。

（3）一般环境中，要提高混凝土结构的设计使用年限，对混凝土强度等级和水胶比的要求是（　）。

1A412020 结构设计

【考点 1】常用建筑结构体系和应用（☆☆☆）[16、20 年单选，18 年多选]

1. 结构体系与应用

结构体系与应用　　表 1A412020-1

结构体系	图例	应用
混合结构		楼盖和屋盖采用钢筋混凝土或钢木结构，而墙和柱采用砌体结构建造的房屋。 住宅建筑最适合采用混合结构，一般在 6 层以下
框架结构		优点：建筑平面布置灵活，可形成较大的建筑空间，建筑立面处理比较方便。 缺点：侧向刚度较小，当层数较多时，易引起非结构性构件破坏进而影响使用
剪力墙结构		优点：侧向刚度大，水平荷载作用下侧移小。 缺点：剪力墙的间距小，结构建筑平面布置不灵活，结构自重较大
框架 - 剪力墙结构		优点：平面布置灵活，空间较大，侧向刚度较大
筒体结构		优点：筒体结构是抵抗水平荷载最有效的结构体系，可利用抗压性能良好的混凝土建造大跨度的拱式结构。 分类：框架 - 核心筒结构、筒中筒结构以及多筒结构。 适用：高度不超过 300m 的建筑
桁架结构		优点：可利用截面较小的杆件组成截面较大的构件

续表

结构体系	图例	应用
拱式结构		主要内力是轴向压力。适用于体育馆、展览馆等建筑中

（1）本考点的考核频次较高，各框架结构的特点需要能够明确区分。

（2）本考点的命题形式举例如下：

1）常用建筑结构体系中，适用高度最高的结构体系是（　　）。

2）以承受轴向压力为主的结构是（　　）。

3）大跨度混凝土拱式结构建（构）筑物，主要利用了混凝土良好的（　　）。

4）关于 ×× 结构优缺点的说法，正确的有（　　）。

2. 工程结构设计要求

当结构或结构构件出现下列状态之一时，应认为超过了承载能力极限状态：

◆（1）结构构件或连接因超过材料强度而破坏，或因过度变形而不适于继续承载；
◆（2）整个结构或其一部分作为刚体失去平衡；
◆（3）结构转变为机动体系；
◆（4）结构或结构构件丧失稳定；
◆（5）结构因局部破坏而发生连续倒塌；
◆（6）地基丧失承载力而破坏；
◆（7）结构或结构构件发生疲劳破坏。

本考点作为单项选择题的命题方式通常为：下列状态中，结构超出承载能力极限状态的是（　　）。

【考点 2】结构设计作用（荷载）（☆☆☆☆）[20 年单选，13、19、21 年多选]

1. 结构上的作用随时间变化分类

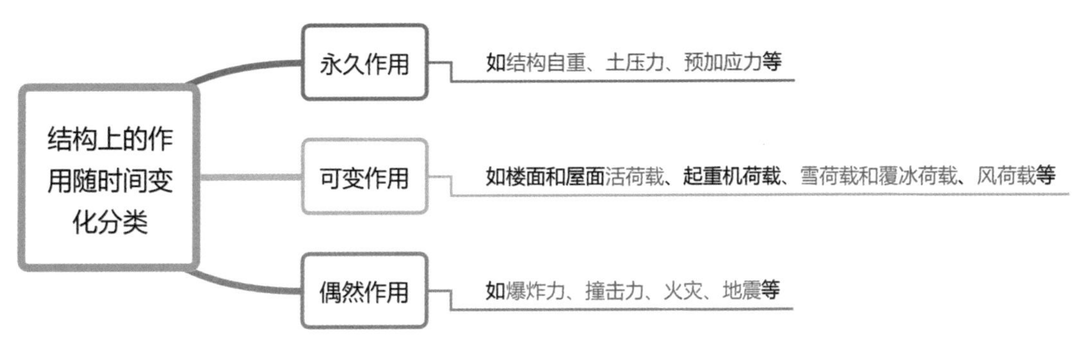

图 1A412020-1　结构上的作用随时间变化分类

（1）上述三类作用的代表值应符合下列规定：

1）永久作用应采用标准值；

2）可变作用采用标准值、组合值、频遇值或准永久值；

3）偶然作用应按结构设计使用特点确定其代表值。

（2）本考点通常以多项选择题的形式将三类作用互为干扰选项进行综合性的考核。命题方式举例如下：

1）下列荷载中，属于可变荷载的有（　　）。

2）属于偶然作用（荷载）的有（　　）。

2. 结构作用的规定

结构作用的规定　　表 1A412020-2

项目	内容
雪荷载	对雪荷载敏感的结构，应按照 100 年重现期雪压和基本雪压的比值，提高其雪荷载取值
风荷载	（1）垂直于建筑物表面上的风荷载标准值，应在基本风压、风向影响系数、地形修正系数、风荷载体型系数、风压高度变化系数的乘积基础上，考虑风荷载脉动的增大效应加以确定。 （2）基本风压应根据基本风速值进行计算，且其取值不得低于 0.3kN/m^2
偶然作用	当以偶然作用作为结构设计的主导作用时，应考虑偶然作用发生时和偶然作用发生后两种工况

本考点虽非必考点，仍应注意上述数值的准确性，其可能出现一个单项选择题形式的考核。

1A412030 结构构造

【考点 1】结构构造设计要求（☆☆☆）[22 年多选]

1. 混凝土结构工程

要注意上述两处涉及“不应”的限定词，其易以反向表述作为干扰选项进行考核。

混凝土结构工程　　表 1A412030-1

项目	内容
结构体系	（1）不应采用混凝土结构构件与砌体结构构件混合承重的结构体系。 （2）房屋建筑结构应采用双向抗侧力结构体系。 （3）抗震设防烈度为 9 度的高层建筑，不应采用带转换层的结构、带加强层的结构、错层结构和连体结构。 （4）混凝土结构高层建筑应满足 10 年重现期水平风荷载作用的振动舒适度要求
结构混凝土	结构混凝土应进行配合比设计，并应采取保证混凝土拌合物性能、混凝土力学性能和耐久性能的措施。混凝土结构应从设计、材料、施工、维护各环节采取控制混凝土裂缝的措施
结构钢筋	混凝土结构用普通钢筋、预应力筋应具有符合工程结构在承载能力极限状态和正常使用极限状态下需求的强度和延伸率

2. 砌体结构工程

砌体结构工程 表 1A412030-2

项目	内容
基本规定	砌体结构施工质量控制等级应根据现场质量管理水平、砂浆和混凝土质量控制、砂浆拌合工艺、砌筑工人技术等级四个要素从高到低分为 A、B、C 三级，设计工作年限为 50 年及以上的砌体结构工程，应为 A 级或 B 级。 砌体结构所处的环境类别依据气候条件及结构的使用环境条件分为五类，分别是：1 类干燥环境，2 类潮湿环境，3 类冻融环境，4 类氯侵蚀环境，5 类化学侵蚀环境
结构材料	下列部位或环境中的填充墙不应使用轻骨料混凝土小型空心砌块或蒸压加气混凝土砌块砌体： （1）建筑物防潮层以下墙体； （2）长期浸水或化学侵蚀环境； （3）砌体表面温度高于 80℃的部位； （4）长期处于有振动源环境的墙体
结构构造	墙体转角处和纵横墙交接处应设置拉结钢筋或钢筋焊接网。 多层砌体结构房屋中的承重墙梁不应采用无筋砌体构件支承

本考点通常会以单项选择题或多项选择题的形式进行命题，要注意上述涉及“不应”的字样，避免造成错判。

3. 钢结构工程

钢结构工程 表 1A412030-3

项目	内容
基本规定	建筑钢结构应保证结构两个主轴方向的抗侧力构件均具有抗震承载力和良好的变形与耗能能力
结构材料	钢结构承重构件所用的钢材应具有屈服强度，断后伸长率，抗拉强度和磷、硫含量的合格保证，在低温使用环境下尚应具有冲击韧性的合格保证；焊接结构尚应具有碳或碳当量的合格保证
结构构造	（1）对于普通螺栓连接、铆钉连接、高强度螺栓连接，应计算螺栓（铆钉）受剪、受拉、拉剪联合承载力，以及连接板的承压承载力，并应考虑螺栓孔削弱和连接板撬力对连接承载力的影响。 （2）钢结构设计时，焊缝质量等级应根据钢结构的重要性、荷载特性、焊缝形式、工作环境以及应力状态等确定。 （3）高强度螺栓承压型连接不应用于直接承受动力荷载重复作用且需要进行疲劳计算的构件连接。 （4）高层钢结构加强层及上、下各一层的竖向构件和连接部位的抗震构造措施，应按规定的结构抗震等级提高一级

本考点通常会以单项选择题或多项选择题的形式进行命题。

【考点 2】结构抗震设计构造要求（☆☆☆）[22 年单选]

1. 地震震级与抗震设防分类

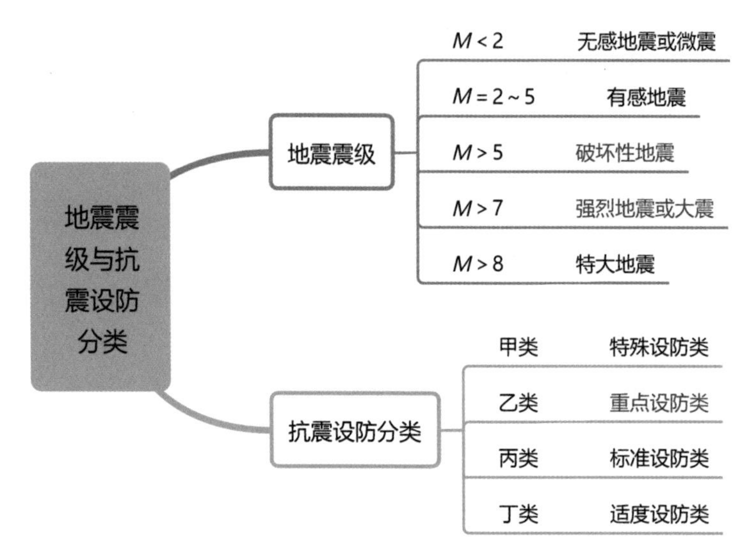

图 1A412030　地震震级与抗震设防分类

本考点虽为考试空白点，但具有一定可考性，对上述分级和分类要有所了解。

2. 抗震措施

抗震措施　　　表 1A412030-4

项目	内容	
一般规定	混凝土结构房屋以及钢 – 混凝土组合结构房屋中，框支梁、框支柱及抗震等级不低于二级的框架梁、柱、节点核芯区的混凝土强度等级不应低于 C30	
砌体结构房屋	设置	应设置现浇钢筋混凝土圈梁、构造柱或芯柱
	多层砌体房屋的楼、屋盖	（1）楼板在墙上或梁上应有足够的支承长度，罕遇地震下楼板不应跌落或拉脱。 （2）装配式钢筋混凝土楼板或屋面板，应采取有效的拉结措施，保证楼、屋盖的整体性。 （3）楼、屋盖的钢筋混凝土梁或屋架应与墙、柱（包括构造柱）或圈梁可靠连接；不得采用独立砖柱
	砌体结构楼梯间	（1）不应采用悬挑式踏步或踏步竖肋插入墙体的楼梯，8 度、9 度时不应采用装配式楼梯段。 （2）装配式楼梯段应与平台板的梁可靠连接。 （3）楼梯栏板不应采用无筋砖砌体。 （4）楼梯间及门厅内墙阳角处的大梁支承长度不应小于 500mm，并应与圈梁连接。 （5）顶层及出屋面的楼梯间，构造柱应伸到顶部，并与顶部圈梁连接，墙体应设置通长拉结钢筋网片。 （6）顶层以下楼梯间墙体应在休息平台或楼层半高处设置钢筋混凝土带或配筋砖带，并与构造柱连接

（1）要注意上述涉及的多处“不得”“不应”等限定词，其常以反向表述作为干扰选项进行考核。

（2）上述涉及的几处数值也是要重点掌握的内容，关于数值的部分可以进行独立的单项选择题的考核，也可以作为备选项进行综合性的考核。

（3）本考点的命题方式举例如下：

1）加强多层砌体结构房屋抵抗地震能力的构造措施有（　　）。

2）砌体结构楼梯间抗震措施正确的是（　　）。

1A413000 装配式建筑

【考点 1】装配式混凝土建筑（☆☆☆）[22 年单选]

1. 装配式混凝土建筑的特点

◆施工速度快、工程建设周期短、利于冬期施工的特点。
◆具有生产效率高、产品质量好、安全环保、有效降低成本等特点。

2. 装配式混凝土建筑的优势

与传统建筑相比，装配式混凝土建筑呈现出如下优势：
◆保证工程质量。
◆降低安全隐患。
◆提高生产效率。
◆降低人力成本。
◆节能环保，减少污染。
◆模数化设计，延长建筑寿命。

3. 装配式混凝土建筑的分类

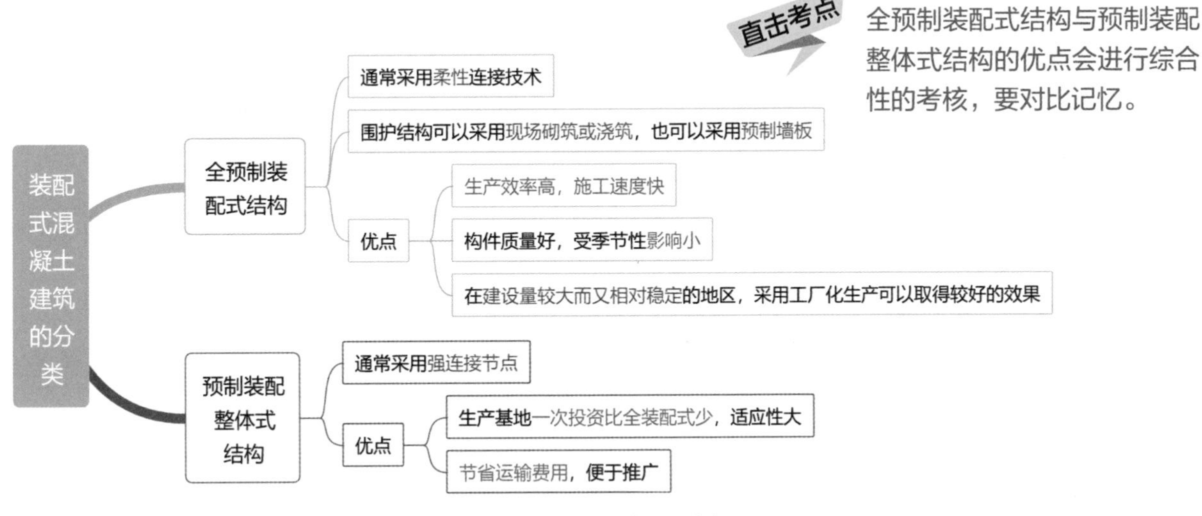

图 1A413000-1　装配式混凝土建筑的分类

【考点 2】装配式钢结构建筑（☆☆☆）[19 年多选]

装配式钢结构建筑　　表 1A413000-1

项目		内容
适用		适宜构件的工厂化生产，可以将设计、生产、施工、安装一体化
特点		自重轻、基础造价低、适用于软弱地基、安装容易、施工快、施工污染环境少、抗震性能好、可回收利用、经济环保等特点
主体结构体系	钢框架结构	沿房屋的纵向和横向均采用钢框架作为承重和抵抗侧力的主要构件所构成的结构体系
	钢框架－支撑结构	（1）属于双重抗侧力结构体系。 （2）钢框架部分是剪切型结构，底部层间位移较大，顶部层间位移较小。 （3）支撑部分是弯曲型结构，底部层间位移较小，而顶部层间位移较大，两者并联，可以显著减小结构底部的层间位移，同时结构顶部层间位移也不致过大
围护结构体系		主要包括结构功能、热工功能、密闭功能、隔声功能、防火功能及装饰功能
楼（屋）盖结构体系		起着支撑竖向荷载和传递水平荷载的作用

（1）需要注意钢框架－支撑结构中，钢框架部分和支撑部分底部层间位移和顶部层间位移的对比。

（2）本考点的命题方式多为：关于 ×× 的说法，正确的是（　　）。

【考点 3】装配式装饰装修的主要特征（☆☆☆）[21 年单选]

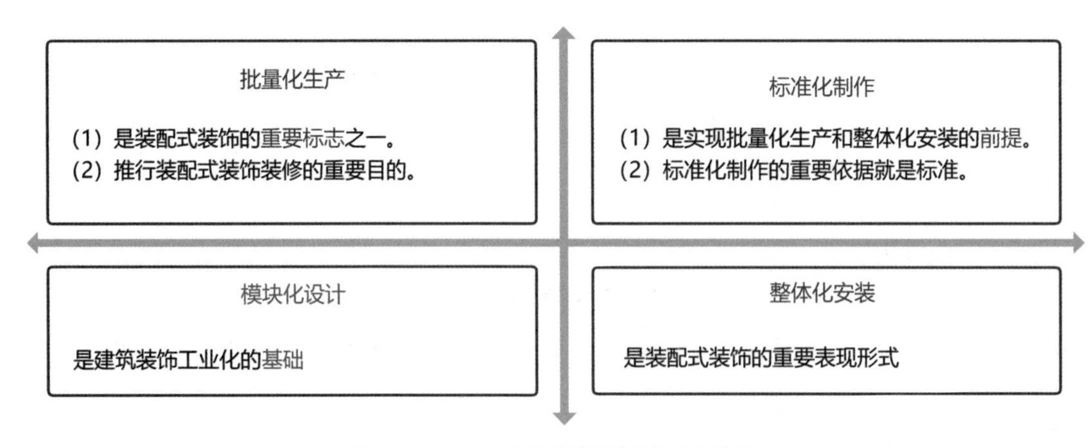

图 1A413000-2　装配式装饰装修的主要特征

本考点为单项选择题的命题考点。

1A414000 建筑工程材料

1A414010 常用建筑结构材料

【考点1】水泥的性能和应用（☆☆☆☆☆）[14、15、16、18、19、21、22 年单选]

1. 通用硅酸盐水泥的代号和强度等级

通用硅酸盐水泥的代号和强度等级　　表 1A414010-1

水泥名称	简称	代号	强度等级
硅酸盐水泥	硅酸盐水泥	P·Ⅰ、P·Ⅱ	42.5、42.5R、52.5、52.5R、62.5、62.5R
普通硅酸盐水泥	普通水泥	P·O	42.5、42.5R、52.5、52.5R
矿渣硅酸盐水泥	矿渣水泥	P·S·A、P·S·B	32.5、32.5R 42.5、42.5R 52.5、52.5R
火山灰质硅酸盐水泥	火山灰水泥	P·P	
粉煤灰硅酸盐水泥	粉煤灰水泥	P·F	
复合硅酸盐水泥	复合水泥	P·C	42.5、42.5R、52.5、52.5R

（1）强度等级中，R 表示早强型。
（2）本考点的命题方式多为：代号为 P·O 的通用硅酸盐水泥是（　　）。

2. 常用水泥的技术要求

常用水泥的技术要求　　表 1A414010-2

项目		内容		
		含义	时间	
凝结时间	初凝时间	水泥加水拌合起至水泥浆开始失去可塑性所需的时间	常用水泥（硅酸盐、普通硅酸盐、矿渣硅酸盐、火山灰质硅酸盐、粉煤灰硅酸盐、复合硅酸盐水泥）≥ 45min	
	终凝时间	水泥加水拌合起至水泥浆完全失去可塑性且开始产生强度所需的时间	硅酸盐水泥≤ 6.5h	其他 5 类常用水泥≤ 10h
体积安定性		水泥在凝结硬化过程中，体积变化的均匀性	—	—
强度及强度等级		根据胶砂法测定水泥 3d 的抗压强度和 28d 的抗折强度来判断	—	—
其他技术要求		标准稠度用水量、水泥的细度、化学指标（不溶物、烧失量、三氧化硫、氧化镁、氯离子和碱含量）	—	—

（1）该考点在历年考试中出现的频次较高，主要为单项选择题，重点掌握凝结时间的相关要点。
（2）本考点的命题方式举例如下：
1）水泥的初凝时间指（　　）。
2）水泥的初凝时间是指从水泥加水拌合起至水泥浆（　　）所需的时间。
3）关于六大常用水泥凝结时间的说法，正确的是（　　）。

3. 常用水泥的主要特性

常用水泥的主要特性　　表 IA414010–3

项目	硅酸盐	普通	矿渣	火山灰	粉煤灰	复合
凝结硬化	快	较快	慢	慢	慢	慢
强度	早期高	早期较高	早低后快	早低后快	早低后快	早低后快
水化热	大	较大	较小	较小	较小	较小
抗冻性	好	较好	差	差	差	差
耐蚀性	差	较差	较好	较好	较好	较好
耐热性	差	较差	好	较差	较差	与掺入材料种类、掺量有关
干缩性	较小	较小	较大	较大	较小	
抗渗性	—	—	差	较好	—	
抗裂性	—	—	—	—	较高	
泌水性	—	—	大	—	—	

（1）水泥特性记忆技巧：硅酸盐水泥与普通水泥的特性全部类似，区别在于普通水泥的特性都有一个“较”，屈居“老二”的地位，其他水泥的特性则相反。矿渣水泥耐热性好；火山灰水泥的抗渗性较好；粉煤灰水泥抗裂性高。
（2）本考点的考核频次较高，且均以单项选择题的形式进行考核，命题方式举例如下：
1）粉煤灰水泥主要特征是（　　）。
2）关于粉煤灰水泥主要特征的说法，正确的是（　　）。
3）下列水泥品种中，其水化热最大的是（　　）。

4. 常用水泥的选用

常用水泥的选用　　表 IA414010–4

混凝土工程特点或所处环境条件			优先选用	可以使用	不宜使用
普通混凝土	1	在普通气候环境中的混凝土	普通水泥	矿渣水泥、火山灰水泥、粉煤灰水泥、复合水泥	
	2	在干燥环境中的混凝土	普通水泥	矿渣水泥	火山灰水泥 粉煤灰水泥
	3	在高湿度环境中或长期处于水中的混凝土	矿渣水泥、火山灰水泥、粉煤灰水泥、复合水泥	普通水泥	
	4	厚大体积的混凝土	矿渣水泥、火山灰水泥、粉煤灰水泥、复合水泥		硅酸盐水泥

续表

混凝土工程特点或所处环境条件			优先选用	可以使用	不宜使用
有特殊要求的混凝土	1	要求快硬、早强的混凝土	硅酸盐水泥	普通水泥	矿渣水泥 火山灰水泥 粉煤灰水泥 复合水泥
	2	高强（大于C50级）混凝土	硅酸盐水泥	普通水泥 矿渣水泥	火山灰水泥 粉煤灰水泥
	3	严寒地区的露天混凝土，寒冷地区的处在水位升降范围内的混凝土	普通水泥	矿渣水泥	火山灰水泥 粉煤灰水泥
	4	严寒地区处在水位升降范围内的混凝土	普通水泥（≥ 42.5级）		矿渣水泥 火山灰水泥 粉煤灰水泥 复合水泥
	5	有抗渗要求的混凝土	普通水泥、火山灰水泥		矿渣水泥
	6	有耐磨性要求的混凝土	硅酸盐水泥、普通水泥	矿渣水泥	火山灰水泥 粉煤灰水泥
	7	受侵蚀介质作用的混凝土	矿渣水泥、火山灰水泥、粉煤灰水泥、复合水泥		硅酸盐水泥

（1）本考点属于高频考点，要熟练掌握应当首先记忆优先选用的水泥种类，优先使用、不宜使用与可以使用三类通常互为干扰选项在同一题目中进行考核。

（2）本考点的命题方式举例如下：

1）配置C60混凝土优先选用的是（　　）。

2）配制厚大体积的普通混凝土不宜选用（　　）水泥。

3）普通气候环境中的普通混凝土应优先选用（　　）水泥。

4）在混凝土工程中，配制有抗渗要求的混凝土可优先选用（　　）。

【考点2】建筑钢材的性能和应用（☆☆☆☆☆）
[13、15、18、20、21年单选，13、14、18年多选，14年案例]

1. 建筑钢材的主要钢种

◆建筑钢材的主要钢种有碳素结构钢、优质碳素结构钢和低合金高强度结构钢。

◆碳素结构钢为一般结构和工程用钢，适于生产各种型钢、钢板、钢筋、钢丝等。

◆优质碳素结构钢一般用于生产预应力混凝土用钢丝、钢绞线、锚具，以及高强度螺栓、重要结构的钢铸件等。

◆低合金高强度结构钢主要用于轧制各种型钢、钢板、钢管及钢筋，广泛用于钢结构和钢筋混凝土结构中，特别适用于各种重型结构、高层结构、大跨度结构及桥梁工程等。

2. 常用的建筑钢材

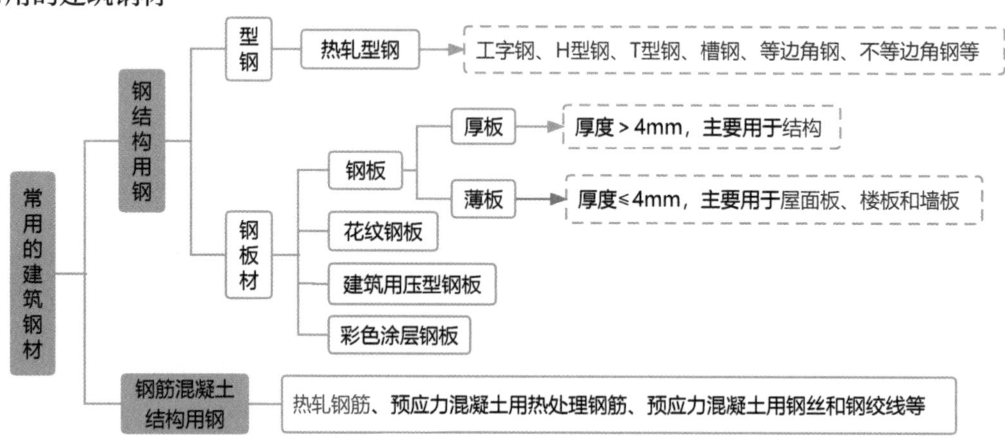

图 1A414010-1　常用的建筑钢材

热轧钢筋是建筑工程中用量最大的钢材品种之一，主要用于钢筋混凝土结构和预应力混凝土结构的配筋。

3. 常用热轧钢筋的品种及强度标准值

常用热轧钢筋的品种及强度标准值　　表 1A414010-5

品种	牌号	屈服强度 f_{yk}（MPa）	极限强度 f_{stk}（MPa）
		不小于	不小于
光圆钢筋	HPB300	300	420
带肋钢筋	HRB400	400	540
	HRBF400		
	HRB400E		
	HRBF400E		
	HRB500	500	630
	HRBF500		
	HRB500E		
	HRBF500E		

（1）HPB 属于热轧光圆钢筋，HRB 属于普通热轧钢筋，HRBF 属于细晶粒热轧钢筋。

（2）国家标准规定，有较高要求的抗震结构适用的钢筋牌号为：上表中已有带肋钢筋牌号后加 E（例如：HRB400E、HRBF400E）的钢筋。该类钢筋除满足表中的强度标准值要求外，还应满足以下要求：

1）抗拉强度实测值与屈服强度实测值的比值不应小于 1.25；

2）屈服强度实测值与屈服强度标准值的比值不应大于 1.30；

3）最大力总延伸率实测值不应小于 9%。

（3）本考点的考核形式多为单项选择题，命题方式举例如下：

1）对 HRB400E 钢筋的要求，正确的是（　　）。

2）常用较高要求抗震结构的纵向受力普通钢筋品种是（　　）。

3）有抗震要求的带肋钢筋，其最大力下总伸长率不应小于（　　）。

4）HRB400E 钢筋应满足最大力下总伸长率不小于（　　）。

4. 建筑钢材的主要性能

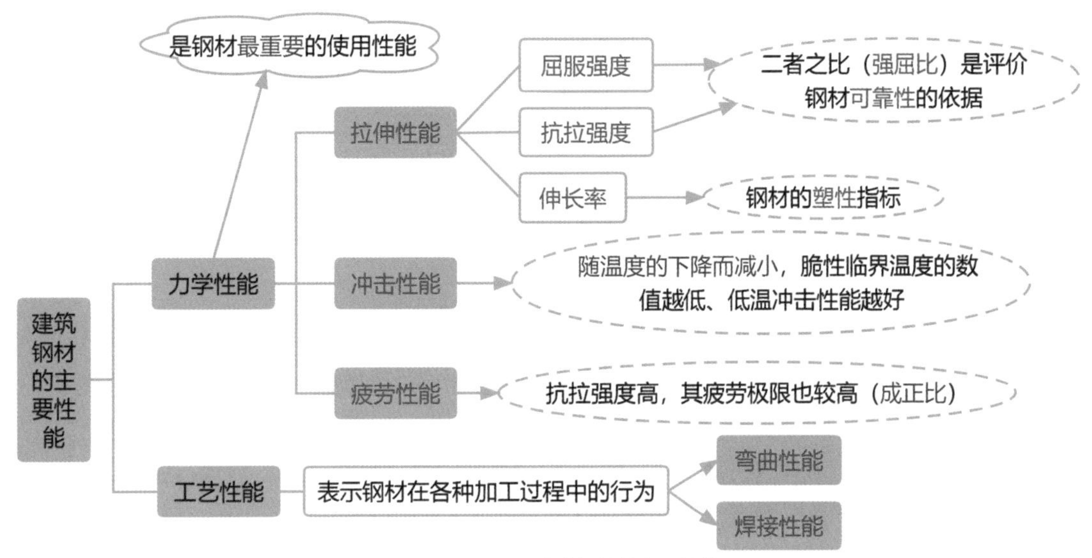

图 1A414010-2　建筑钢材的主要性能

（1）力学性能和工艺性能指标会互为干扰选项进行多项选择题形式的考核，且重复考核概率极高，命题方式多为：下列钢材性能中，属于工艺 / 力学性能的有（　　）。
（2）本考点单项选择题、多项选择题和案例题的形式都有涉及，以多项选择题考核为主，2014 年以案例题的形式进行了考核。命题方式为：根据背景材料，计算钢筋的强屈比、屈强比（超屈比）、重量偏差（保留两位小数），并根据计算结果分别判断该指标是否符合要求。
（3）钢筋弯曲与钢筋焊接如下图所示。

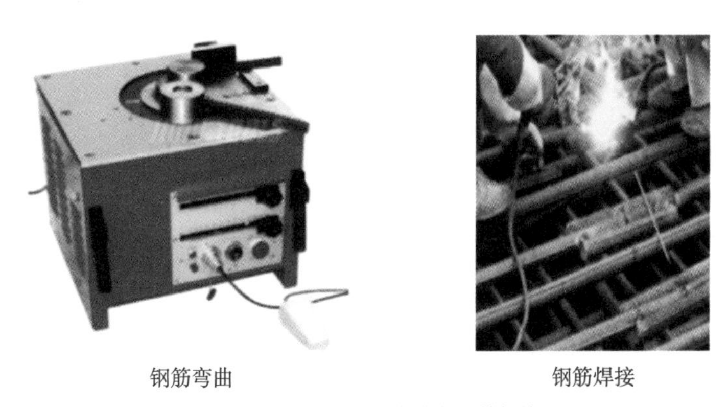
钢筋弯曲　　钢筋焊接
图 1A414010-3　钢筋弯曲与钢筋焊接

5. 钢材化学成分及其对钢材性能的影响

钢材化学成分及其对钢材性能的影响　　表 1A414010-6

成分	对钢材性能的影响
碳	决定钢材性能的最重要元素。随着含碳量的增加，钢材的强度和硬度提高，塑性和韧性下降
硅	是我国钢筋用钢材中的主要添加元素

续表

成分	对钢材性能的影响
锰	锰能消减硫和氧引起的热脆性，使钢材的热加工性能改善，同时也可提高钢材强度
磷	很有害的元素之一。磷含量增加，钢材的强度、硬度提高，塑性和韧性显著下降
硫	硫使钢的可焊性、冲击韧性、耐疲劳性和抗腐蚀性等均降低
氧	是钢中有害元素，会降低钢材的机械性能，特别是韧性
氮	会使钢材强度提高，塑性特别是韧性显著下降

本考点适宜以选择题的形式进行考核，命题方式举例如下：

（1）下列钢材化学成分中，属于碳素钢中的有害元素有（　　）。

（2）下列钢材包含的化学元素中，其含量增加会使钢材强度提高，但塑性下降的有（　　）。

【考点3】混凝土的性能和应用（☆☆☆☆☆）
[13、15、16、20、22年单选，13、18、21年多选，22年案例]

1. 混凝土组成材料的技术要求

混凝土组成材料的技术要求　　表1A414010-7

组成材料	技术要求
水泥	一般以水泥强度等级为混凝土强度等级的1.5 ~ 2.0倍为宜，对于高强度等级混凝土可取0.9 ~ 1.5倍
细骨料	粒径在4.75mm以下的骨料称为细骨料，在普通混凝土中指的是砂。砂可分为天然砂、机制砂和混合砂三类。混凝土用细骨料的技术要求有以下几方面： （1）颗粒级配及粗细程度； （2）有害杂质和碱活性； （3）坚固性
粗骨料	粒径大于4.75mm的岩石颗粒称为粗骨料。普通混凝土常用的粗骨料分为碎石和卵石，类别分为Ⅰ类、Ⅱ类、Ⅲ类。混凝土用粗骨料的技术要求有以下几方面： （1）颗粒级配及最大粒径； （2）强度和坚固性； （3）有害杂质和针、片状颗粒
水	未经处理的海水严禁用于钢筋混凝土和预应力混凝土。在无法获得水源的情况下，海水可用于素混凝土，但不宜用于装饰混凝土
外加剂	各类具有室内使用功能的混凝土外加剂中释放的氨量必须不大于0.10%（质量分数）
矿物掺合料	非活性矿物掺合料：磨细石英砂、石灰石、硬矿渣等材料。 活性矿物掺合料：粉煤灰、粒化高炉矿渣粉、硅灰、沸石粉等

（1）区分“严禁用于（　　）”“可用于（　　）”“不宜用于（　　）”，这是单选题命题的好素材。

（2）熟练区分非活性矿物掺合料与活性矿物掺合料。

2. 混凝土的技术性能

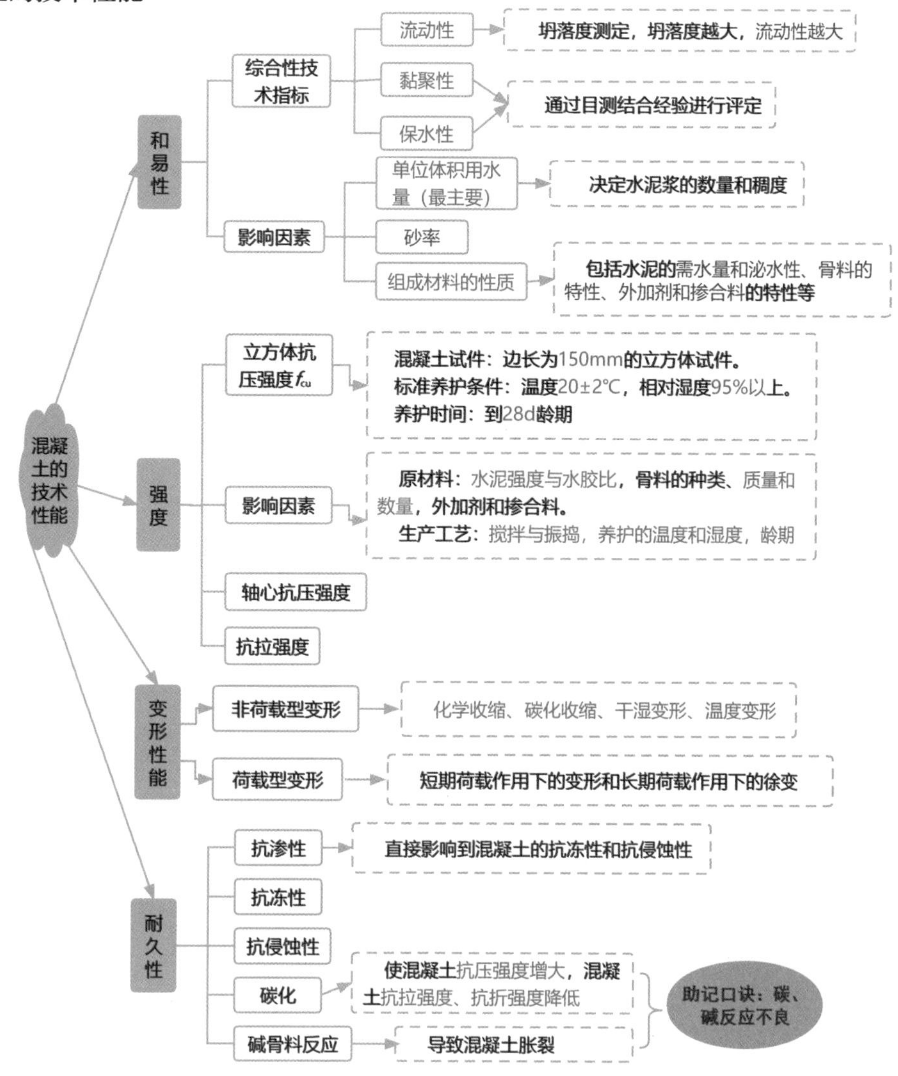

图 1A414010-4　混凝土的技术性能

（1）本考点为高频考点，单项选择题、多项选择题和案例题的形式都有涉及，选择题的考核形式为主，2022 年以案例题的形式进行了考核。实务操作和案例分析题的考核难度并不大，命题方式为：分别写出配套工程 1F、2F、3F 柱 C40 混凝土同条件养护试件的等效龄期（d）和日平均气温累计数（℃·d）。

（2）本考点的选择题命题方式举例如下：

1）施工现场常用坍落度试验来测定混凝土（　　）指标。

2）在混凝土配合比设计时，影响混凝土拌合物和易性最主要的因素是（　　）。

3）下列混凝土拌合物性能中，不属于和易性含义的是（　　）。

4）混凝土立方体抗压强度标准试件的边长（　　）mm。

5）混凝土试件标准养护的条件是（　　）。

6）下列影响混凝土强度的因素中，属于生产工艺方面的因素有（　　）。

7）混凝土的非荷载型变形有（　　）。

8）混凝土的耐久性能包括（　　）。

9）关于 ×× 的说法，正确的有（　　）。

3. 混凝土外加剂的功能、种类与适用范围

混凝土外加剂的功能、种类与适用范围　　表 1A414010-8

功能	分类	适用范围
改善混凝土拌合物流动性	减水剂	不减水，可提高拌合物的流动性；减水不减水泥，可提高强度；减水减水泥，节约水泥。耐久性也可得到改善
	引气剂	—
	泵送剂	—
调节凝结时间、硬化性能	早强剂	加速混凝土硬化和早期强度发展，缩短养护周期，加快施工进度，模板周转率提高，多用于冬期施工、紧急抢修
	缓凝剂	高温季节混凝土、大体积混凝土、泵送与滑模方法施工以及远距离运输的商品混凝土等
	速凝剂	—
改善耐久性	引气剂	抗冻、防渗、抗硫酸盐、泌水严重的混凝土等
	防水剂	—
	阻锈剂	—

口诀助记

流动减气泵、硬凝早缓速、耐久水气锈。

本考点考核频次较高，以选择题的考核形式为主。本考点的命题方式举例如下：

（1）通常用于调节混凝土凝结时间、硬化性能的混凝土外加剂有（　　）。

（2）下列混凝土外加剂中，不能显著改善混凝土拌合物流动性能的是（　　）。

（3）在抢修工程中常用的混凝土外加剂是（　　）。

（4）关于在混凝土中掺入 ×× 剂所起的作用，正确的是（　　）。

1A414020 建筑装饰装修材料

【考点 1】饰面板材和建筑陶瓷的特性与应用（☆☆☆☆）[16、19、20 年单选]

1. 饰面石材

饰面石材　　表 1A414020-1

类型	特性	应用	
天然花岗石	构造致密、强度高、密度大、吸水率极低、质地坚硬、耐磨，属酸性硬石材	粗面板材	用于室外地面、墙面、柱面、勒脚、基座、台阶
		细面板材	
		镜面板材	用于室内外地面、墙面、柱面、台面、台阶

续表

类型	特性	应用
天然大理石	质地较密实、抗压强度较高、吸水率低、质地较软，属碱性中硬石材	用于室内墙面、柱面、服务台、栏板、电梯间门口

（1）两类石材的特性考核频次较高，要能熟练区分。

本考点的命题方式多为：关于 ×× 的说法，正确的是（　　）。

（2）本考点的命题方式举例如下：

1）关于天然花岗石特性的说法，正确 / 错误的是（　　）。

2）常于室内装修工程的天然大理石最主要的特性是（　　）。

3）天然大理石饰面板材不宜用于室内（　　）。

2. 建筑卫生陶瓷

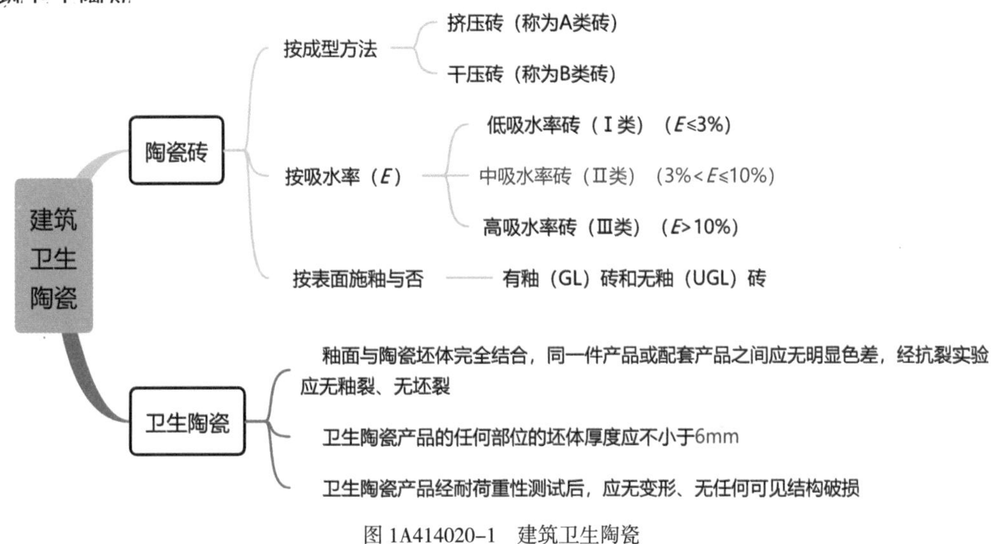

图 1A414020-1　建筑卫生陶瓷

本考点虽为考试空白点，但可能会以单项选择题的形式进行考核。

【考点 2】木材和木制品的特性与应用（☆☆☆）[15 年单选，21 年多选]

1. 木材的基本知识

木材的基本知识　　表 1A414020-2

项目	内容	
树木的分类	软木材	松树、杉树和柏树等
	硬木材	榆树、桦树、水曲柳、檀树等
含水率指标	纤维饱和点	其值随树种而异，其是木材物理力学性质随含水率而发生变化的转折点
	平衡含水率	木材和木制品使用时避免变形或开裂而应控制的含水率指标

续表

项目	内容	
变形量	径向 顺纹方向 弦向	就变形来说，顺纹方向 < 径向 < 弦向
湿胀	（1）可造成表面鼓凸。 （2）木材在加工或使用前应预先进行干燥	
干缩	会使木材翘曲、开裂、接榫松动、拼缝不严	

（1）本考点中，软硬两类木材会互为干扰选项进行考核。

（2）湿胀和干湿的情形会互为干扰选项进行考核。

（3）变形量的命题方式可以为：木材的干缩湿胀变形在各个方向上有所不同，变形量从小到大依次是（　　）。

2. 木制品

木制品　　表 1A414020-3

项目		内容
实木地板		未经拼接、覆贴的单块木材直接加工而成
人造木地板	实木复合地板	按结构可分为两层实木复合地板、三层实木复合地板、多层实木复合地板。 按外观质量等级分为优等品、一等品和合格品
	浸渍纸层压木质地板	适用于办公室、写字楼、商场、健身房、车间等的地面铺设
	软木地板	属于绿色建材
人造板	胶合板	胶合板变形小、收缩率小、没有木结、裂纹等缺陷，而且表面平整，有美丽花纹，极富装饰性
	纤维板	一般分为湿法纤维板和干法纤维板两大类
	刨花板	刨花板密度小，材质均匀，但易吸湿，强度不高，可用于保温、吸声或室内装饰等
	细木工板	构造均匀、尺寸稳定、幅面较大、厚度较大。除可用作表面装饰外，也可直接兼作构造材料

【考点3】建筑玻璃的特性与应用（☆☆☆☆☆）[13、20、21年单选，15、16年多选]

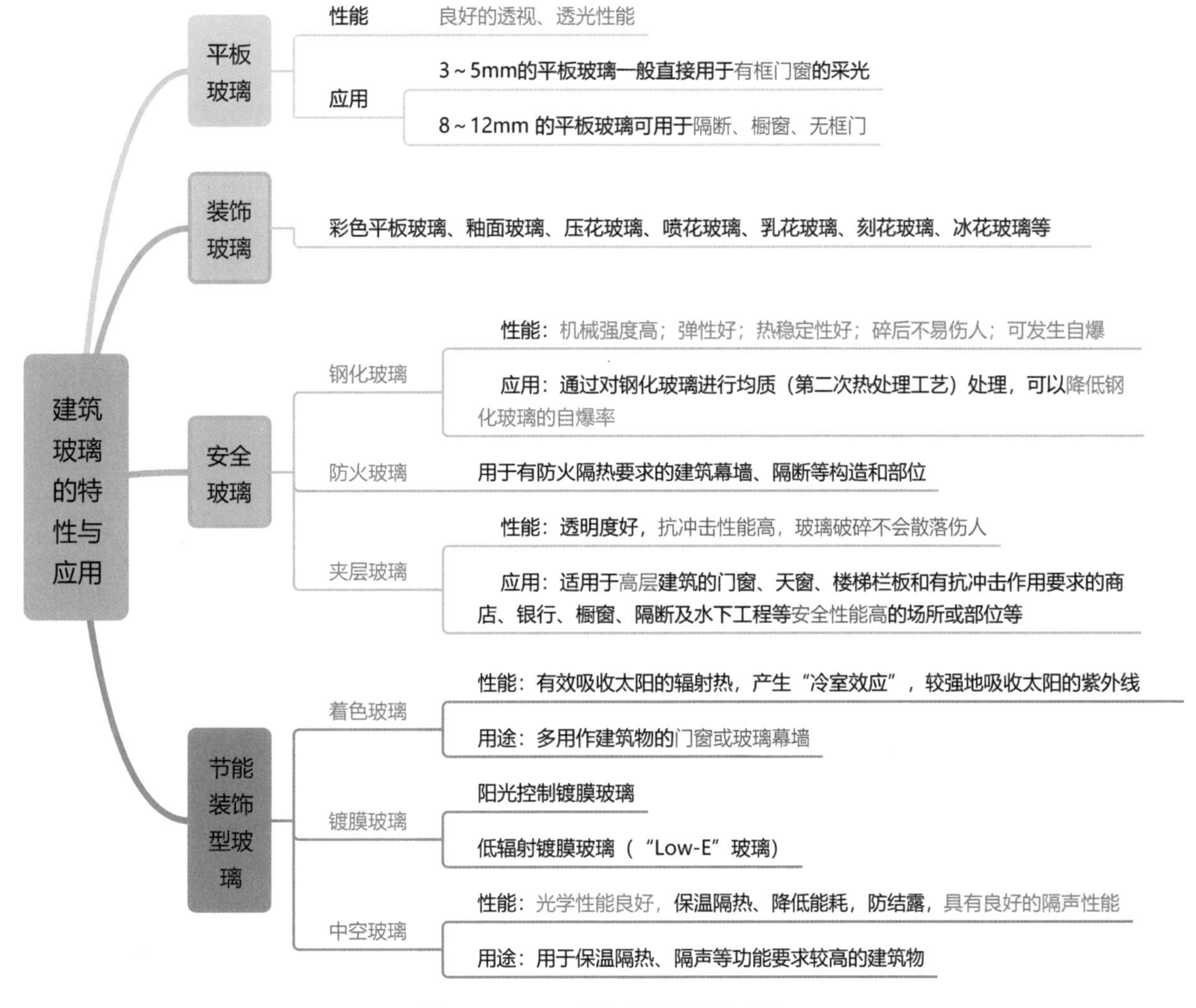

图 1A414020-2 建筑玻璃的特性与应用

口助诀记 安全玻璃：夹火花（化）；节能装饰型玻璃：空琢（着）磨（膜）。

（1）本考点要能熟练区分各类玻璃的特性，其易以“关于××的说法，正确的是（ ）”进行命题。

（2）安全玻璃与节能装饰型玻璃的种类是考核的要点，且易互为干扰选项进行考核。

（3）本考点的命题方式举例如下：

1）关于普通平板玻璃特性的说法，正确的是（ ）。

2）关于钢化玻璃特性的说法，正确的有（ ）。

3）关于中空玻璃的特性，正确的是（ ）。

4）通过对钢化玻璃进行均质处理可以（ ）。

5）节能装饰型玻璃包括（ ）。

1A414030 建筑功能材料

【考点1】建筑防水材料的特性与应用(☆☆☆☆)[14年单选，22年多选，21年案例]

1. 防水卷材的分类

防水卷材的分类　　表 1A414030-1

<table>
<tr><th colspan="2">分类</th><th colspan="2">内容</th></tr>
<tr><td rowspan="5">改性沥青防水卷材</td><td>含义</td><td colspan="2">改性沥青防水卷材是指以聚酯毡、玻纤毡、纺织物材料中的一种或两种复合为胎基，浸涂高分子聚合物改性石油沥青后，再覆以隔离材料或饰面材料而制成的长条片状可卷曲的防水材料</td></tr>
<tr><td>作用</td><td colspan="2">利用改性后的石油沥青作涂盖材料，改善了沥青的感温性，有了良好的耐高低温性能，提高了憎水性、粘结性、延伸性、韧性、耐老化性能和耐腐蚀性，具有优异的防水功能</td></tr>
<tr><td>类型</td><td colspan="2">主要有弹性体（SBS）改性沥青防水卷材、塑性体（APP）改性沥青防水卷材、沥青复合胎柔性防水卷材、自粘橡胶改性沥青防水卷材、改性沥青聚乙烯胎防水卷材以及道桥用改性沥青防水卷材等</td></tr>
<tr><td rowspan="2">适用</td><td>SBS卷材</td><td>工业与民用建筑的屋面及地下防水工程，尤其适用于较低气温环境的建筑防水</td></tr>
<tr><td>APP卷材</td><td>工业与民用建筑的屋面及地下防水工程，以及道路、桥梁等工程的防水，尤其适用于较高气温环境的建筑防水</td></tr>
<tr><td rowspan="2">高分子防水卷材</td><td>含义</td><td colspan="2">以合成橡胶、合成树脂或者两者共混体系为基料，加入适量的各种助剂、填充料等，经过混炼、塑炼、压延或挤出成型、硫化、定型等加工工艺制成的片状可卷曲的防水材料</td></tr>
<tr><td>类型</td><td colspan="2">高分子防水卷材品种较多，一般基于原料组成及性能分为：橡胶类、树脂类和橡塑共混。常见的三元乙丙、聚氯乙烯、氯化聚乙烯、氯化聚乙烯－橡胶共混及三元丁橡胶防水卷材都属于高分子防水卷材</td></tr>
</table>

（1）改性沥青防水卷材与高分子防水卷材的基料要区分记忆，会互为干扰选项进行命题。

（2）改性沥青防水卷材的适用环境要能明确区分，适用较低气温和较高气温的是考点也是易错点，命题人易对此进行考核。

（3）本考点选择题的命题方式举例如下：

1）关于××的说法，正确/错误的是（　　）。

2）改性沥青防水卷材的胎基材料有（　　）。

（4）本考点案例分析题的命题方式：常用高分子防水卷材有哪些？（如三元乙丙）

2. 防水卷材的主要性能

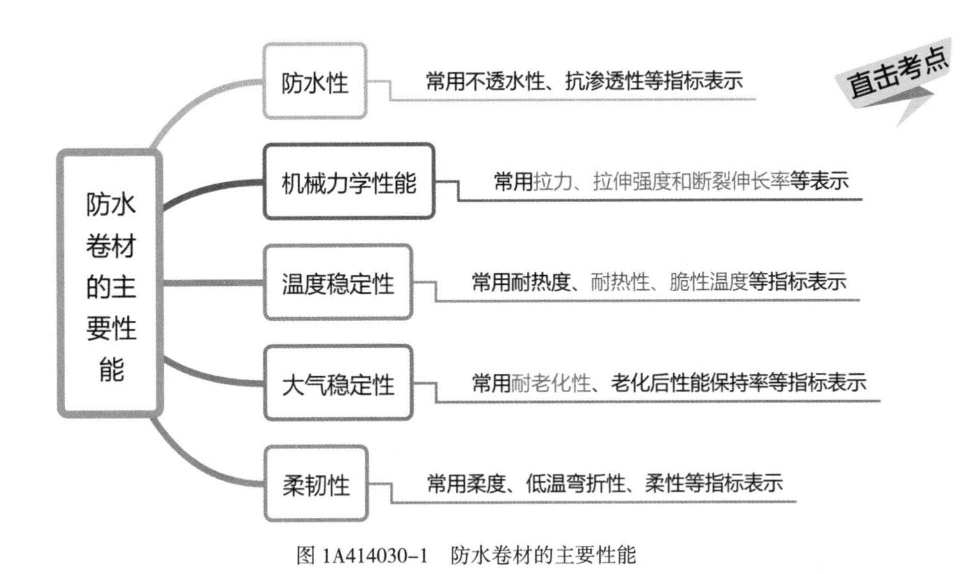

图 1A414030-1 防水卷材的主要性能

直击考点 本考点是单项选择题形式的考点，通常会给出具体表示方法来反问属于哪一性能。

3. 防水涂料

防水涂料 表 1A414030-2

项目	内容	
分类	按照使用部位	屋面防水涂料、地下防水涂料和道桥防水涂料
	按照成型类别	挥发型、反应型和反应挥发型
	按照主要成膜物质种类	丙烯酸类、聚氨酯类、有机硅类、改性沥青类和其他防水涂料
适用	(1) 各种复杂、不规则部位的防水，能形成无接缝的完整防水膜。 (2) 屋面防水工程、地下室防水工程和地面防潮、防渗等	

4. 建筑密封材料

◆定型密封材料是具有一定形状和尺寸的密封材料，包括各种止水带、止水条、密封条等；非定型密封材料是指密封膏、密封胶、密封剂等黏稠状的密封材料。

◆建筑密封材料一般按照主要成分进行分类，建筑密封材料分为：丙烯酸类、硅酮类、改性硅酮类、聚硫类、聚氨酯类、改性沥青类、丁基类等。

(1) 本考点注意定型和非定型材料的区分，其易互为干扰选项进行考核。

(2) 本考点的命题方式举例如下：

1) 下列建筑密封材料中，属于定型密封材料的是（　　）。

2) 按照主要成分进行分类，建筑密封材料分为（　　）。

【考点 2】建筑防火材料的特性与应用（☆☆☆）[15 年多选]

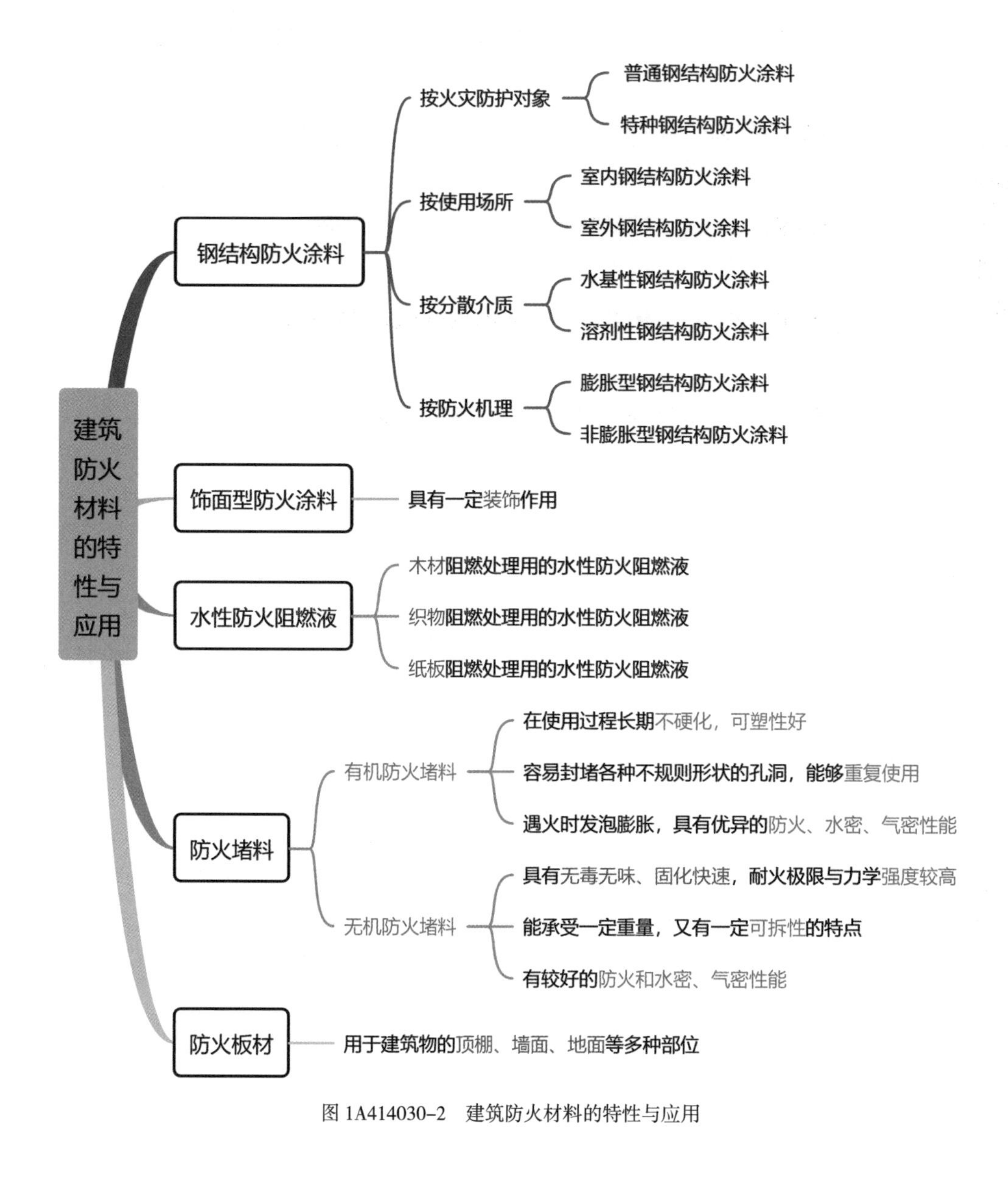

图 1A414030-2　建筑防火材料的特性与应用

本考点的命题点主要为其特点，本考点的命题方式多为：关于 ×× 的说法，正确的是（　　）。

【考点3】影响保温材料导热系数的因素（☆☆☆）[22年单选，19年多选]

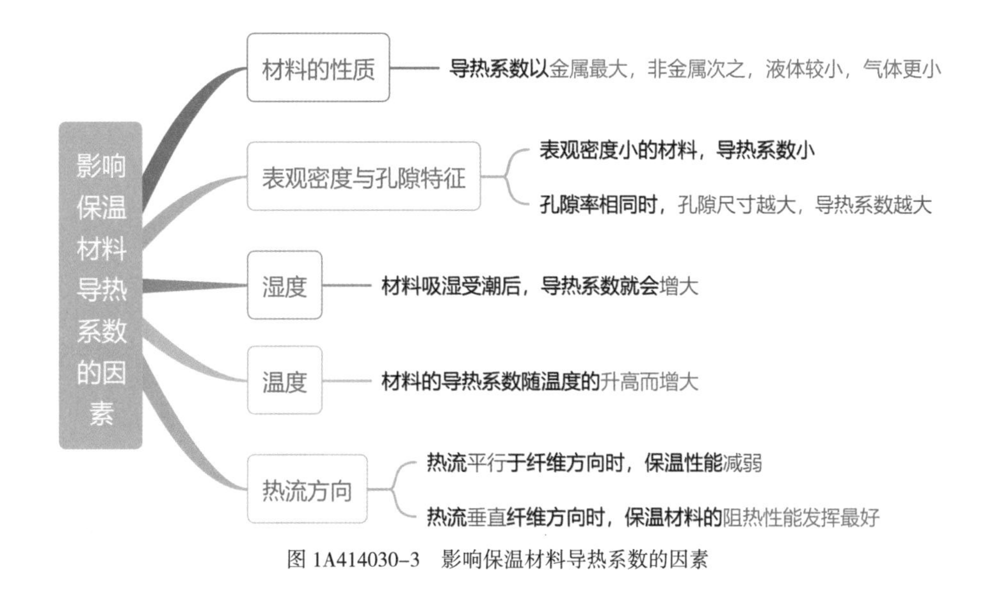

图1A414030-3 影响保温材料导热系数的因素

本考点的命题方式举例如下：
（1）导热系数最大的是（ ）。
（2）影响保温材料导热系数的因素有（ ）。
（3）关于××的说法，正确的是（ ）。

1A415000 建筑工程施工技术

1A415010 施工测量

【考点1】施工测量的内容和方法（☆☆☆☆☆）
[14、20年单选，18年多选，16、21年案例]

1. 施工测量的基本工作

◆测角、测距和测高差是测量的基本工作。
◆平面控制测量必须遵循“由整体到局部”的组织实施原则，以避免放样误差的积累。大中型的施工项目，应先建立场区控制网，再分别建立建筑物施工控制网，以建筑物平面控制网的控制点为基础，测设建筑物的主轴线，根据主轴线再进行建筑物的细部放样；规模小或精度高的独立项目或单位工程，可通过市政水准测控控制点直接布设建筑物施工控制网。

本考点是案例题的命题点，命题方式可以为：××事件中，测量人员从进场测设到形成细部放样的平面控制测量成果需要经过哪些主要步骤？

2. 施工测量的内容

- ◆施工控制网的建立。
- ◆建筑物定位、基础放线及细部测设。
- ◆竣工图的绘制。

3. 建筑物细部点平面位置的测设方法

建筑物细部点平面位置的测设方法 表 1A415010-1

项目	内容
直角坐标法	当建筑场地的施工控制网为方格网或轴线形式时，采用直角坐标法放线最为方便。 工作方便，并便于检查，测量精度亦较高
极坐标法	适用于测设点靠近控制点，便于量距的地方
角度前方交会法	适用于不便量距或测设点远离控制点的地方
距离交会法	不需要使用仪器，但精度较低
方向线交会法	测定点由相对应的两已知点或两定向点的方向线交会而得。 方向线的设立可以用经纬仪，也可以用细线绳

本考点的重中之重为直角坐标法，于 2014、2020 年均以单项选择题的形式进行了重复性的考核，命题方式为依据建筑场地的施工控制方格网放线，最为方便的方法是（　　）。

4. 建筑物细部点高程位置的测设

建筑物细部点高程位置的测设 表 1A415010-2

项目	计算公式	示意图
地面上点的高程测设	先测出 a，按下式计算 b： $b = H_A + a - H_B$	高程测设示意图
高程传递	坑内临时水准点 B 之高程 H_B 按下式计算： $H_B = H_A + a - (b - c) - d$	高程传递法示意图

5. 建筑施工期间的变形测量

建筑施工期间的变形测量 表 1A415010-3

项目	内容
建筑变形测量精度等级	分为特等、一等、二等、三等、四等共五级
变形测量的基准点	分为沉降基准点和位移基准点，需要时可设置工作基点。设置要求有： （1）沉降观测基准点，在特等、一等沉降观测时，不应少于 4 个；其他等级沉降观测时不应少于 3 个；基准之间应形成闭合环。 （2）位移观测基准点，对水平位移观测、基坑监测和边坡监测，在特等、一等观测时，不应少于 4 个；其他等级观测时不应少于 3 个
基坑变形观测	分为基坑支护结构变形观测和基坑回弹观测。监测点布置要求有： （1）基坑围护墙或基坑边坡顶部变形观测点沿基坑周边布置，周边中部、阳角处、邻近被保护对象的部位应设点；监测点水平间距不宜大于 20m，且每边监测点不宜少于 3 个；水平和垂直监测点宜共用同一点。 （2）基坑围护墙或土体深层水平位移监测点宜布置在围护墙的中间部位、阳角处及有代表性的部位，监测点水平间距 20 ~ 60m，每侧边不应少于 1 个
民用建筑基础及上部结构沉降观测点布设位置	（1）建筑的四角、核心筒四角、大转角处及沿外墙每 10 ~ 20m 处或每隔 2 ~ 3 根柱基上。 （2）高低层建筑、新旧建筑和纵横墙等交接处的两侧。 （3）对于宽度大于或等于 15m 的建筑，应在承重内隔墙中部设内墙点，并在室内地面中心及四周设地面点。 （4）框架结构及钢结构建筑的每个和部分柱基上或沿纵横轴线上。 （5）筏形基础、箱形基础底板或接近基础的结构部分之四角处及其中部位置。 （6）超高层建筑和大型网架结构的每个大型结构柱监测点不宜少于 2 个，且对称布置
立即实施安全预案，同时应提高观测频率或增加观测内容的情形	（1）变形量或变形速率出现异常变化。 （2）变形量或变形速率达到或超出预警值。 （3）周边或开挖面出现塌陷、滑坡情况。 （4）建筑本身、周边建筑及地表出现异常。 （5）由于地震、暴雨、冻融等自然灾害引起的其他异常变形情况

（1）这是多项选择题和案例分析题很好的采分点。2018 年以多项选择题的形式进行了考核，2016 年、2021 年均以案例题的形式对此进行了考核。

（2）本考点的命题方式举例如下：

1）民用建筑上部结构沉降观测点宜布置在（　　）。

2）关于 ×× 的说法，正确的是（　　）。

3）建筑变形测量精度分几个等级？变形测量基准点分哪两类？其基准点设置要求有哪些？

4）变形测量发现异常情况后，针对变形测量，除基坑周边地表出现明显裂缝外，还有哪些异常情况也应立即报告委托方？

【考点 2】常用工程测量仪器的性能与应用（☆☆☆☆）[13、19、22 年单选]

常用工程测量仪器的性能与应用　　表 1A415010–4

测量仪器	图示	内容
水准仪		水准仪由望远镜、水准器和基座三个主要部分组成，是为水准测量提供水平视线和对水准标尺进行读数的一种仪器。 水准仪的主要功能是测量两点间的高差 h，它不能直接测量待定点的高程 H，但可由控制点的已知高程来推算测点的高程
经纬仪		经纬仪由照准部、水平度盘和基座三部分组成，是对水平角和竖直角进行测量的一种仪器。 激光经纬仪与一般工程经纬仪相比，有如下特点： （1）望远镜在垂直（或水平）平面上旋转，发射的激光可扫描形成垂直（或水平）的激光平面，在这两个平面上被观测的目标，任何人都可以清晰地看到。 （2）激光经纬仪主要依靠发射激光束来扫描定点，可不受场地狭小的影响。 （3）激光经纬仪不受风力的影响，施测方便、准确、可靠、安全。 （4）能在夜间或黑暗的场地进行测量工作，不受照度的影响。 由于激光经纬仪具有上述的特点，特别适合作以下的施工测量工作： 1）高层建筑及烟囱、塔架等高耸构筑物施工中的垂度观测和准直定位。 2）结构构件及机具安装的精密测量和垂直度控制测量。 3）管道铺设及隧道、井巷等地下工程施工中的轴线测设及导向测量工作
全站仪		全站仪由电子经纬仪、光电测距仪和数据记录装置组成。 一般用于大型工程的场地坐标测设及复杂工程的定位和细部测设

（1）S05 型和 S1 型水准仪称为精密水准仪，用于国家一、二等水准测量及其他精密水准测量；S3 型水准仪称为普通水准仪，用于国家三、四等水准测量及一般工程水准测量。

（2）本考点的命题方式举例如下：

1）不能测量水平距离的仪器是（　　）。

2）关于工程测量仪器性能与应用的说法，正确的是（　　）。

3）适合作烟囱施工中垂度观测的是（　　）。

4）激光经纬仪特别适合作（　　）的施工测量工作。

1A415020 土石方工程施工

【考点1】岩土的工程性能（☆☆☆☆☆）[14、15、17、21年单选]

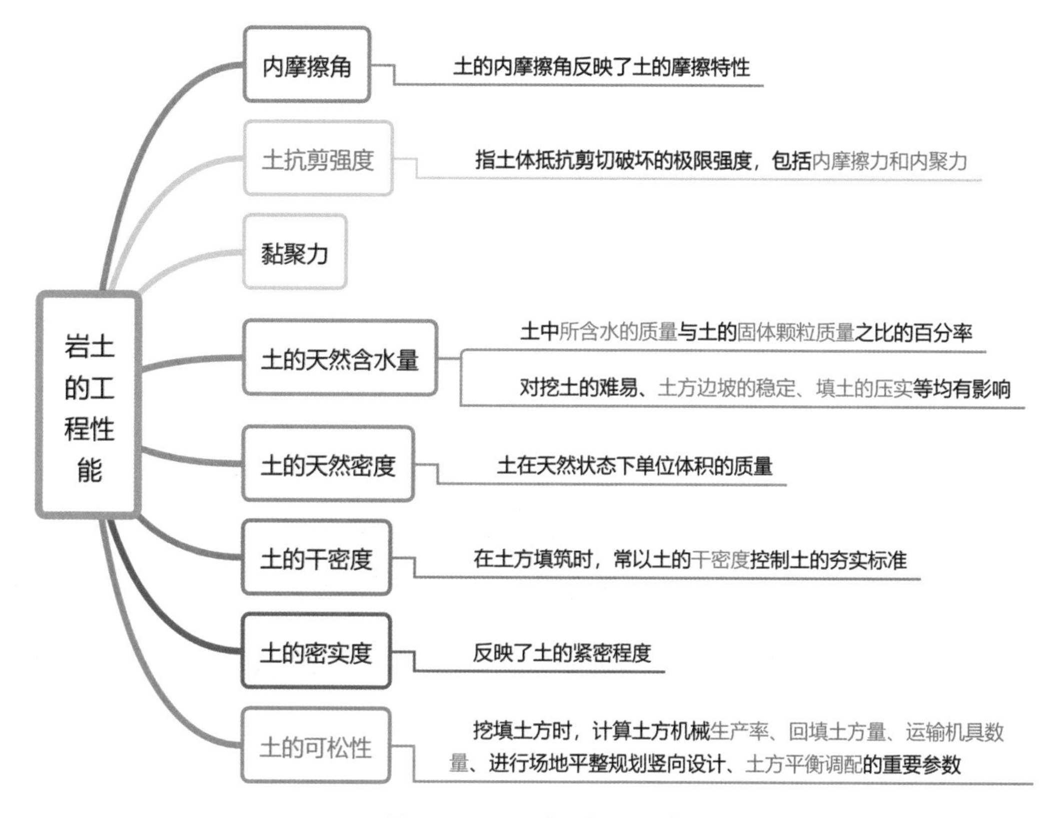

图 1A415020-1　岩土的工程性能

（1）岩土的工程性能主要是强度、弹性模量、变形模量、压缩模量、黏聚力、内摩擦角等物理力学性能，各种性能应按标准试验方法经过试验确定。

（2）本考点的命题方式举例如下：

1）反映土体抵抗剪切破坏极限强度的指标是（　　）。

2）当回填土含水量测试样本质量为142g、烘干后质量为121g时，其含水量是（　　）。

3）在进行土方平衡调配时，需要重点考虑的性能参数是（　　）。

4）关于岩土工程性能的说法，正确的是（　　）。

【考点2】基坑支护施工（☆☆☆☆☆）[21年单选，19、22年多选，14、15年案例]

1. 基坑支护的类型

这是多项选择题和案例分析题很好的采分点。

◆基坑支护结构的类型有灌注桩排桩围护墙、板桩围护墙、咬合桩围护墙、型钢水泥土搅拌墙、地下连续墙、水泥土重力式围护墙、土钉墙等。

◆支护结构围护墙的支撑形式有内支撑、锚杆（索）、与主体结构相结合（两墙合一）的基坑支护等。

2. 灌注桩排桩支护

灌注桩排桩支护　　表 1A415020-1

项目	内容
组成	通常由支护桩、支撑（或土层锚杆）及防渗帷幕等组成
分类	排桩根据支撑情况可分为悬臂式支护结构、锚拉式支护结构、内撑式支护结构和内撑－锚拉混合式支护结构
适用条件	基坑侧壁安全等级为一级、二级、三级；适用于可采取降水或止水帷幕的基坑。除悬臂式支护适用于浅基坑外，其他几种支护方式都适用于深基坑
施工要求	已完成浇筑混凝土的桩与邻桩间距应大于 4 倍桩径，或间隔施工时间应大于 36h。 灌注桩外截水帷幕宜采用单轴、双轴或三轴水泥土搅拌桩；截水帷幕与灌注桩排桩间的净距宜小于 200mm；采用高压旋喷桩时，应先施工灌注桩，再施工高压旋喷截水帷幕
图例	

（1）这是多项选择题和案例分析题很好的采分点。

（2）适用条件要能与其他支护方式的适用条件相区分。

3. 地下连续墙支护

地下连续墙支护　　表 1A415020-2

项目	内容
方法	可与内支撑、与主体结构相结合（两墙合一）等支撑形式采用顺作法、逆作法、半逆作法结合使用
特点	施工振动小、噪声低，墙体刚度大，防渗性能好，对周围地基扰动小，可以组成具有很大承载力的连续墙
适用条件	基坑侧壁安全等级为一级、二级、三级；适用于周边环境条件很复杂的深基坑
施工要求	（1）应设置现浇钢筋混凝土导墙。 （2）混凝土强度等级不应低于 C20，厚度不应小于 200mm。 （3）地下连续墙单元槽段长度宜为 4 ～ 6m。 （4）水下混凝土应采用导管法连续浇筑。 （5）混凝土达到设计强度后方可进行墙底注浆

续表

项目	内容
图例	

这是多项选择题和案例分析题很好的采分点。

4. 土钉墙

土钉墙　　表 1A415020-3

项目	内容
适用条件	基坑侧壁安全等级为二级、三级。 当基坑潜在面内有建筑物、重要地下管线时，不宜采用土钉墙
构造要求	（1）土钉墙宜采用洛阳铲成孔的钢筋土钉。 （2）钢管土钉用钢管外径不宜小于 48mm，壁厚不宜小于 3mm。 （3）土钉墙高度不大于 12m 时，喷射混凝土面层要求有：厚度 80 ~ 100mm，设计强度等级不低于 C20；应配置钢筋网和通长的加强钢筋，宜采用 HPB300 级钢筋，钢筋网用直径 6 ~ 10mm、间距 150 ~ 250mm，加强钢筋用直径 14 ~ 20mm。 （4）土钉与加强钢筋宜采用焊接连接。 （5）预应力锚杆复合土钉墙宜采用钢绞线锚杆
施工要求	（1）土钉墙施工必须遵循“超前支护，分层分段，逐层施作，限时封闭，严禁超挖”的原则要求。 （2）每层土钉施工后，应按要求抽查土钉的抗拔力。 （3）开挖后应及时封闭临空面，应在 24h 内完成土钉安放和喷射混凝土面层。 （4）上一层土钉完成注浆 48h 后，才可开挖下层土方。 （5）成孔注浆型钢筋土钉应采用两次注浆工艺施工。 （6）喷射混凝土的骨料最大粒径不应大于 15mm。作业应分段分片依次进行，同一分段内应自下而上，一次喷射厚度不宜大于 120mm

（1）本考点考核频次较高，且单项选择题、多项选择题和案例题的形式都有涉及。

（2）要注意上述涉及“宜采用”“不宜”的限定词，其常以反向表述作为干扰选项进行考核。

（3）对上述要点数值的记忆也是得分的关键。

（4）本考点的命题形式举例如下：

1）土钉墙施工要求正确的是（　　）。

2）基坑土钉墙施工须遵循的原则有（　　）。

3）基坑土钉墙护坡面层的构造技术要求应包括哪些？

5. 内支撑的施工要求

◆支撑系统的施工与拆除顺序应与支撑结构的设计工况一致，严格执行先撑后挖的原则。立柱穿过主体结构底板以及支撑穿越地下室外墙的部位应有止水构造措施。
◆钢筋混凝土支撑拆除，可采用机械拆除、爆破拆除，爆破孔宜采取预留方式。爆破前应先切割支撑与围檩或主体结构连接的部位。
◆支撑结构爆破拆除前，应对永久结构及周边环境采取隔离防护措施。

本考点的案例题命题形式易为：
（1）混凝土内支撑可以采用哪几类拆除方法？
（2）根据 ×× 背景资料找出不妥之处。

6. 基坑监测

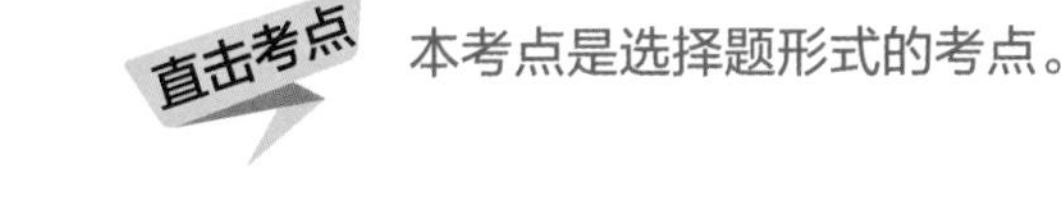

本考点是选择题形式的考点。

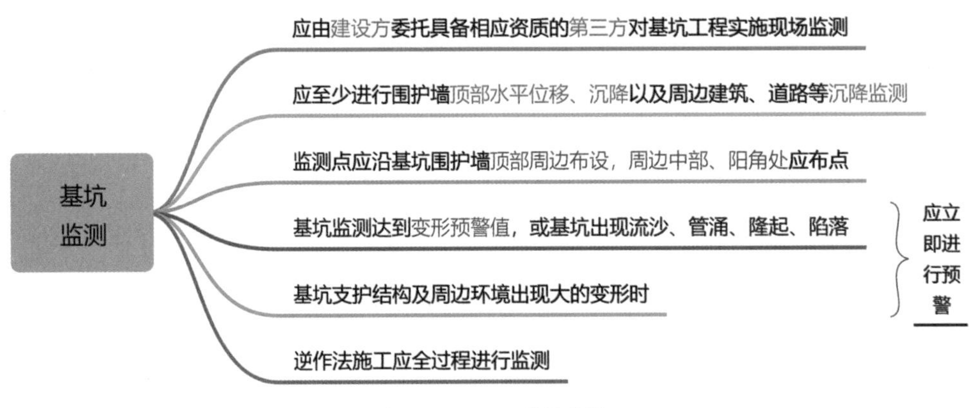

图 1A415020-2　基坑监测

【考点 3】人工降排地下水的施工（☆☆☆）[19 年单选，16 年多选]

1. 地下水控制技术方案选择

◆依据场地的水文地质、基础规模、开挖深度、土层渗透性能等条件，选择包括集水明排、截水、降水及地下水回灌等地下水控制的方法。
◆施工中地下水位应保持在基坑底面以下 0.5 ~ 1.5m。
◆当因降水而危及基坑及周边环境安全时，宜采用截水或回灌方法。
◆当基坑底为隔水层且层底作用有承压水时，应进行坑底突涌验算。必要时可采取水平封底隔渗或钻孔减压措施，保证坑底土层稳定，避免突涌的发生。

2. 降水施工技术

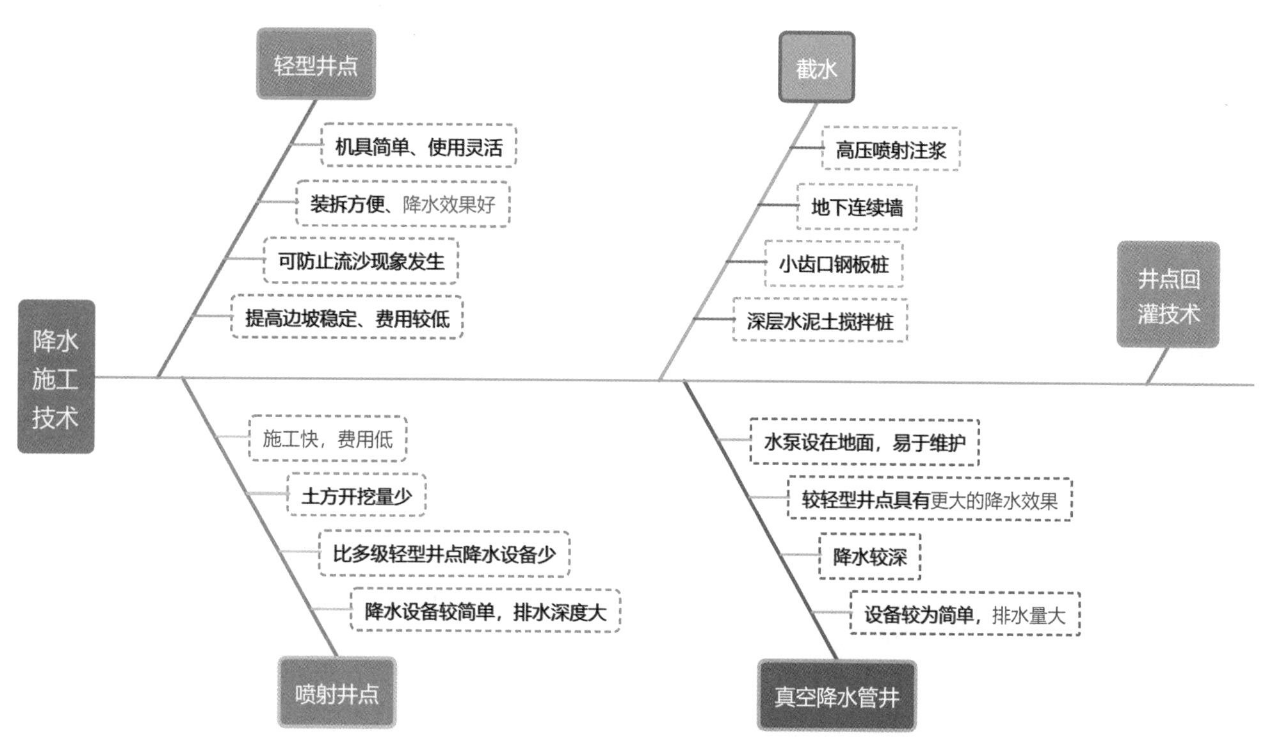

图 1A415020-3　降水施工技术

（1）井点回灌技术可有效地防止降水对周围建（构）筑物、地下管线等的影响。

（2）降水常用的有轻型井点、多级轻型井点、喷射井点、电渗井点、真空降水管井、降水管井等方法。它们大多都适用于填土、黏性土、粉土和砂土；只有降水管井不宜用于填土，但又适合于碎石土和黄土。

（3）本考点也可能会以案例题的方式进行考核。

【考点 4】土石方开挖施工（☆☆☆☆）[16、21 年单选，22 年多选，18 案例]

1. 土方开挖

土方开挖　　表 1A415020-4

项目	内容
浅基坑的开挖	（1）挖土时，土壁要求平直，挖好一层，支一层支撑。 （2）基坑开挖应尽量防止对地基土的扰动。 （3）基坑开挖时，应对平面控制桩、水准点、平面位置、水平标高、边坡坡度、排水、降水系统等经常复测检查

续表

项目	内容
深基坑的土方开挖	（1）深基坑工程的挖土方案，主要有放坡挖土、中心岛式挖土、盆式挖土和逆作法挖土。前者无支护结构，后三种皆有支护结构。 （2）分层厚度宜控制在3m以内。 （3）边坡防护可采用水泥砂浆、挂网砂浆、混凝土、钢筋混凝土等方法。 （4）采用土钉墙支护的基坑开挖应分层分段进行，每层分段长度不宜大于30m。 （5）采用逆作法的基坑开挖面积较大时，宜采用盆式开挖，先形成中部结构，再分块、对称、限时开挖周边土方和施工主体结构

（1）易错点：放坡挖土无支护结构。
（2）本考点今后也可能会以案例题的形式进行命题。
（3）中心岛式挖土图例如下：

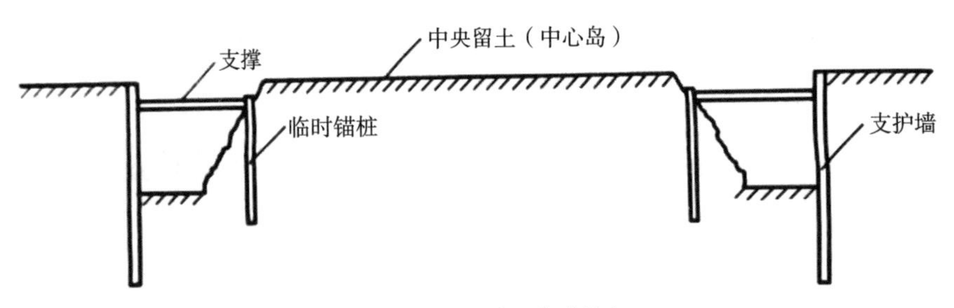

图 1A415020-4 中心岛式挖土

2. 土方回填

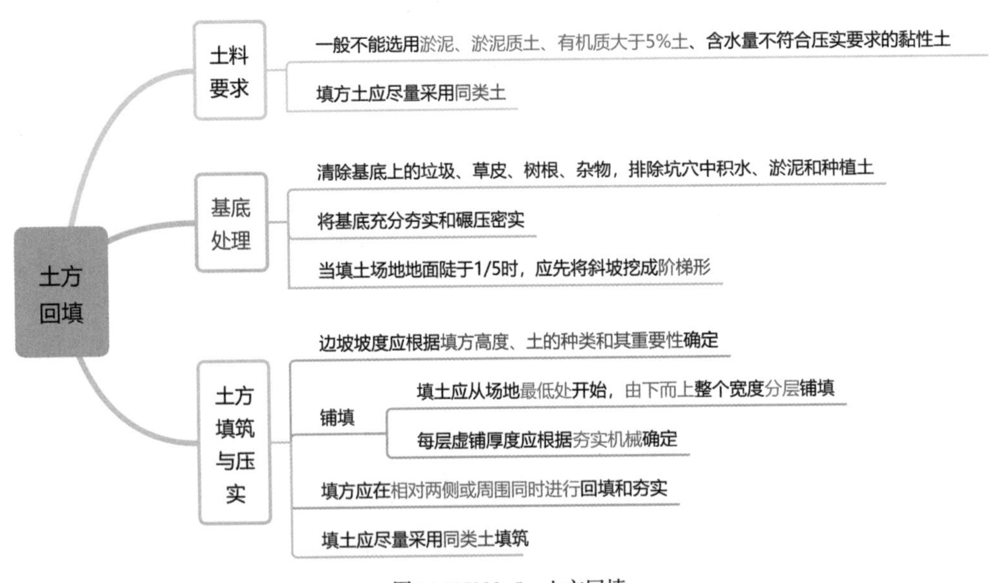

图 1A415020-5 土方回填

（1）本考点既是选择题的考核要点，也是案例题的考核要点，以案例题考核的命题方式为：根据某背景材料指出土方回填施工中的不妥之处？并写出正确做法。
（2）填土施工分层厚度及压实遍数见下表。

填土施工分层厚度及压实遍数　表 1A415020-5

压实机具	分层厚度（mm）	每层压实遍数（次）
平碾	250 ~ 300	6 ~ 8
振动压实机	250 ~ 350	3 ~ 4
柴油打夯机	200 ~ 250	3 ~ 4
人工打夯	< 200	3 ~ 4

【考点 5】基坑验槽方法（☆☆☆）[20、22 年单选]

1. 天然地基验槽

◆天然地基验槽前应在基坑（槽）底普遍进行轻型动力触探检验，检验数据作为验槽依据。
◆遇到下列情况之一时，可不进行轻型动力触探：
（1）承压水头可能高于基坑底面标高，触探可造成冒水涌砂时；
（2）基坑持力层为砾石层或卵石层，且基底以下砾石层和卵石层厚度大于 1m 时；
（3）基础持力层为均匀、密实砂层，且基底以下厚度大于 1.5m 时。

基坑（槽）挖至基底设计标高并清理后，施工单位必须会同勘察、设计、建设、监理等单位共同进行验槽，合格后方能进行基础工程施工。

2. 地基处理工程验槽

◆对于换填地基、强夯地基，应现场检查处理后的地基均匀性、密实度等检测报告和承载力检测资料。
◆对于增强体复合地基，应现场检查桩头、桩位、桩间土情况和复合地基施工质量检测报告。
◆对于特殊土地基，应现场检查处理后地基的湿陷性、地震液化、冻土保温、膨胀土隔水等方面的处理效果检测资料。

本考点的命题方式举例：增强体复合地基现场验槽应检查（　　）。

3. 验槽方法

验槽方法　表 1A415020-6

项目	内容
观察法	（1）观察槽壁、槽底的土质情况，验证基槽开挖深度，初步验证基槽底部土质是否与勘察报告相符，观察槽底土质结构是否被人为破坏。 （2）基槽边坡是否稳定，是否有影响边坡稳定的因素存在。 （3）基槽内有无旧的房基、洞穴、古井、掩埋的管道和人防设施等。 （4）在进行直接观察时，可用袖珍式贯入仪或其他手段作为验槽辅助

续表

项目	内容
轻型动力触探	轻型动力触探进行基槽检验时，应检查下列内容： （1）地基持力层的强度和均匀性； （2）浅埋软弱下卧层或浅埋突出硬层； （3）浅埋的会影响地基承载力或地基稳定性的古井、墓穴和空洞等。 轻型动力触探宜采用机械自动化实施。检验完毕后，触探孔应灌砂填实

（1）验槽方法通常主要采用观察法，而对于基底以下的土层不可见部位，要先辅以钎探法配合共同完成。

（2）轻型动力触探如下图所示。

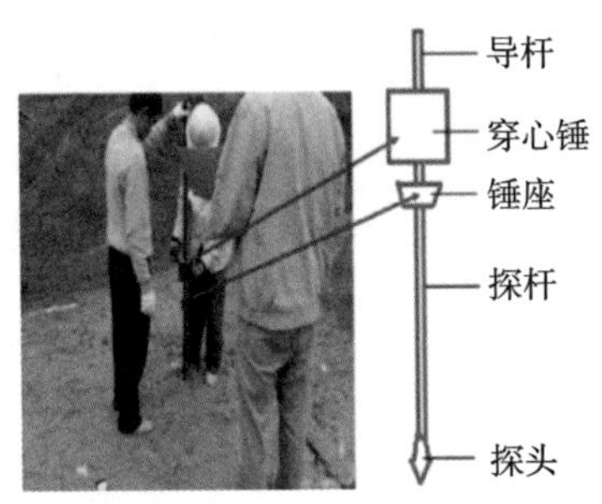

图 1A415020-6　轻型动力触探

1A415030 地基与基础工程施工

【考点 1】常用地基处理方法（☆☆☆☆）[22 年单选，21 年多，13 年案例]

常见的地基处理方式有换填地基、压实和夯实地基、复合地基、注浆加固、预压地基、微型桩加固等。

1. 换填地基

◆换填地基适用于浅层软弱土层或不均匀土层的地基处理。按其回填的材料不同可分为素土、灰土地基，砂和砂石地基，粉煤灰地基等。换填厚度由设计确定，一般宜为 0.5 ~ 3m。

◆砂和砂石地基：宜选用碎石、卵石、角砾、圆砾、砾砂、粗砂、中砂或石屑。

◆换填地基施工时，不得在柱基、墙角及承重窗间墙下接缝；上下两层的缝距不得小于 500mm，接缝处应夯压密实；灰土应拌合均匀并应当日铺填夯压，灰土夯压密实后 3d 内不得受水浸泡；粉煤灰垫层铺填后宜当天压实，每层验收后应及时铺填上层或封层，防止干燥后松散起尘污染，同时禁止车辆碾压通行。

（1）上述涉及的几处“不得”是需要注意的点，其易进行反向描述作为干扰选项进行考核。

（2）本考点的命题方式举例如下：

1）换填地基施工做法正确的是（　　）。

2）× × 事件中，砂石地基采用的原材料是否正确？砂石地基还可以采用哪些原材料？

2. 夯实地基

◆夯实地基可分为强夯和强夯置换处理地基。
◆强夯处理地基适用于碎石土、砂土、低饱和度的粉土与黏性土、湿陷性黄土、素填土和杂填土等地基。
◆强夯置换适用于高饱和度的粉土与软塑～流塑的黏性土等地基上对变形要求不严格的工程。一般有效加固深度 3 ～ 10m。
◆强夯置换夯锤底面形式宜采用圆形，夯锤底静接地压力值宜大于 80kPa。

本考点是选择题的采分点，考核案例分析题的概率较小。

3. 复合地基

复合地基　　表 1A415030-1

类型	内容
水泥粉煤灰碎石桩复合地基	施工工艺分为：长螺旋钻孔灌注成桩；长螺旋钻中心压灌成桩；振动沉管灌注成桩；泥浆护壁成孔灌注成桩
振冲碎石桩和沉管砂石桩复合地基	适用于挤密松散砂土、粉土、粉质黏土、素填土和杂填土等地基，以及用于可液化地基
夯实水泥土复合地基	适用于处理地下水位以上的粉土、黏性土、素填土和杂填土等地基
水泥土搅拌桩复合地基	水泥土搅拌桩的施工工艺分为浆液搅拌法和粉体搅拌法

本考点易进行选择题形式的考核。

【考点 2】桩基础施工（☆☆☆☆☆）[18、21 年单选，16、20、22 年案例]

1. 钢筋混凝土预制桩

钢筋混凝土预制桩　　表 1A415030-2

方法		内容
锤击沉桩法	施工程序	确定桩位和沉桩顺序→桩机就位→吊桩喂桩→校正→锤击沉桩→接桩→再锤击沉桩→送桩→收锤→切割桩头
	施工要求	（1）接桩接头宜高出地面 0.5 ～ 1m。 （2）沉桩顺序应按先深后浅、先大后小、先长后短、先密后疏的次序进行
静力压桩法	施工程序	测量定位→压桩机就位→吊桩、插桩→桩身对中调直→静压沉桩→接桩→再静压沉桩→送桩→终止压桩→检查验收→转移桩机
	施工要求	（1）采用静压桩的基坑，不应边挖桩边开挖基坑。 （2）焊接、螺纹接桩时，接头宜高出地面 0.5 ～ 1m； （3）啮合式、卡扣式、抱箍式方法接桩时，接头宜高出地面 1 ～ 1.5m

（1）本考点中施工程序易进行选择题形式的考核，施工要求易进行案例分析题形式的考核。
（2）2020 年本考点的案例分析题命题方式举例：桩基的沉桩顺序是否正确？卡扣式接桩高出地面 0.8m 是否妥当并说明理由？

2. 钢筋混凝土灌注桩

钢筋混凝土灌注桩　　表 1A415030–3

分类	内容
泥浆护壁灌注桩	（1）工艺流程：场地平整→桩位放线→开挖浆池、浆沟→护筒埋设→钻机就位、孔位校正→成孔、泥浆循环、清除废浆、泥渣→清孔换浆→终孔验收→下钢筋笼和钢导管→二次清孔→浇筑水下混凝土→成桩。 （2）水下混凝土强度应按比设计强度提高等级配置，坍落度宜为 180 ~ 220mm。 （3）水下混凝土灌注应采用导管法连续灌注。 （4）水下混凝土超灌高度应高于设计桩顶标高 1m 以上
沉管灌注桩	沉管灌注桩施工可选用单打法、复打法或反插法。单打法适用于含水量较小土层，复打法或反插法适用于饱和土层。 沉管灌注桩成桩过程为：桩机就位→锤击（振动）沉管→上料→边锤击（振动）边拔管，并继续浇筑混凝土→下钢筋笼，继续浇筑混凝土及拔管→成桩
人工挖孔灌注桩	人工挖孔灌注桩护壁方法可以采用现浇混凝土护壁、喷射混凝土护壁、砖砌体护壁、沉井护壁、钢套管护壁、型钢或木板桩工具式护壁等多种，应用较广的是现浇混凝土分段护壁

2022 在此处以案例分析题的形式进行了考核，命题方式：沉管灌注桩施工除单打法外，还有哪些方法？成桩过程还有哪些内容？

3. 桩基检测技术

◆可分为施工前，为设计提供依据的试验桩检测，主要确定单桩极限承载力；桩基施工后，为验收提供依据的工程桩检测，主要进行单桩承载力和桩身完整性检测。
◆钻芯法。目的是检测灌注桩桩长、桩身混凝土强度、桩底沉渣厚度，判定或鉴别桩端持力层岩土性状，判定桩身完整性类别。
◆低应变法。目的是检测桩身缺陷及其位置，判定桩身完整性类别。
◆验收检测时，宜先进行桩身完整性检测，后进行承载力检测。桩身完整性检测应在基坑开挖后进行。
◆桩身完整性分类为Ⅰ类桩、Ⅱ类桩、Ⅲ类桩、Ⅳ类桩等共4类。Ⅰ类桩桩身完整；Ⅱ类桩桩身有轻微缺陷，不会影响桩身结构承载力的正常发挥；Ⅲ类桩桩身有明显缺陷，对桩身结构承载力有影响；Ⅳ类桩桩身存在严重缺陷。

（1）本考点考核频次较高，且单项选择题和案例题的形式都有涉及。
（2）本考点的命题方式举例如下：
1）为设计提供依据的试验桩检测，主要确定（　　）。
2）判定或鉴别桩端持力层岩土性状的检测方法是（　　）。
3）桩身的完整性有几类？写出Ⅱ类桩的缺陷特征。

【考点 3】混凝土基础施工（☆☆☆☆☆）[17、21 年单选，14 年多选，17、19、22 年案例]

1. 钢筋工程施工技术要求

◆钢筋网的绑扎。四周两行钢筋交叉点应每点扎牢，中间部分交叉点可相隔交错扎牢。绑扎时应注意相邻绑扎点的钢丝扣要成八字形，以免网片歪斜变形。
◆基础底板采用双层钢筋网时，在上层钢筋网下面应设置钢筋撑脚。
◆钢筋的弯钩应朝上，不要倒向一边；但双层钢筋网的上层钢筋弯钩应朝下。
◆基础中纵向受力钢筋的混凝土保护层厚度应按设计要求，且不应小于 40mm；当无垫层时，不应小于 70mm。

（1）本考点是案例分析题的采分点。
（2）命题方式举例：根据背景资料找出 ×× 技术方案的不妥之处，并写出正确做法。

2. 混凝土的搅拌、运输、泵送和布料

◆冬期拌制混凝土应优先采用加热水的方法。
◆混凝土水平运输设备主要有手推车、机动翻斗车、混凝土搅拌输送车等，垂直运输设备主要有井架等，泵送设备主要有汽车泵（移动泵）、固定泵，为了提高生产效率，混凝土输送泵管道终端通常同混凝土布料机（布料杆）连接，共同完成混凝土浇筑时的布料工作。

（1）本考点是案例分析题的采分点。
（2）命题方式举例：写出施工现场混凝土浇筑常用的机械设备名称。

3. 混凝土基础浇筑

混凝土基础浇筑　　表 1A415030-4

<table>
<tr><th>分类</th><th colspan="2">技术要点</th><th>图例</th></tr>
<tr><td rowspan="4">单独基础浇筑</td><td>台阶式基础</td><td>分层一次浇筑完毕，不允许留设施工缝</td><td rowspan="4">柱
阶梯形基础
垫层</td></tr>
<tr><td>浇筑台阶式柱基</td><td>垂直交角处不可出现吊脚现象</td></tr>
<tr><td>高杯口基础</td><td>可后安装杯口模</td></tr>
<tr><td>锥式基础</td><td>注意斜坡部位混凝土的捣固质量</td></tr>
</table>

续表

分类	技术要点	图例
条形基础浇筑	（1）分段分层（300 ~ 500mm）连续浇筑混凝土，一般不留施工缝。 （2）各段层间应相互衔接，每段间浇筑长度控制在 2 ~ 3m，做到逐段逐层呈阶梯形向前推进	墙身 条形基础 大放脚

熟练掌握上述技术要点，并能够区分单独基础浇筑的 4 个类型的不同要点。

4. 大体积混凝土施工要求

◆宜采用整体分层或推移式连续浇筑施工。
◆混凝土入模温度宜控制在 5 ~ 30℃。
◆整体分层连续浇筑或推移式连续浇筑，应缩短间歇时间，并应在前层混凝土初凝之前将次层混凝土浇筑完毕。层间间歇时间不应大于混凝土初凝时间。
◆混凝土宜采用泵送方式和二次振捣工艺。
◆应及时对大体积混凝土浇筑面进行多次抹压处理。
◆大体积混凝土应采取保温保湿养护。

本考点的命题方式举例：大体积混凝土施工过程中，减少或防止出现裂缝的技术措施有（　　）。

5. 大体积混凝土施工试验与监测

大体积混凝土施工试验与监测　　　表 1A415030–5

项目	内容
施工温控指标	（1）混凝土浇筑体在入模温度基础上的温升值不宜大于 50℃。 （2）混凝土浇筑体里表温差（不含混凝土收缩当量温度）不宜大于 25℃。 （3）混凝土浇筑体降温速率不宜大于 2.0℃ / d。 （4）拆除保温覆盖时混凝土浇筑体表面与大气温差不应大于 20℃
体内监测点布置	应反映混凝土浇筑体内最高温升、里表温差、降温速率及环境温度，可采用下列布置方式： （1）在每条测试轴线上，监测点位不宜少于 4 处，应根据结构的平面尺寸布置。 （2）沿混凝土浇筑体厚度方向，应至少布置表层、底层和中心温度测点，测点间距不宜大于 500mm。 （3）混凝土浇筑体表层温度，宜为混凝土浇筑体表面以内 50mm 处的温度。 （4）混凝土浇筑体底层温度，宜为混凝土浇筑体底面以上 50mm 处的温度
测试次数	大体积混凝土浇筑体里表温差、降温速率及环境温度的测试，在混凝土浇筑后，每昼夜不应少于 4 次；入模温度测量，每台班不应少于 2 次

（1）上述涉及数值的要点，要注意区分，其易进行单项选择题形式的考核，命题方式举例如下：

1）体积混凝土拆除保温覆盖时，浇筑体表面与大气温差不应大于（　　）。

2）在大体积混凝土养护的温控过程中，其降温速率一般不宜大于（　　）。

（2）关于监测点的布置不仅要记住上述内容，也要会以图的形式进行表达，或根据图示分析运用相对应的知识点。

（3）本考点案例分析题的命题方式举例如下：

1）大体积混凝土温控指标还有哪些?

2）沿底板厚度方向的测温点应布置在什么位置?

3）根据背景资料和下图画出 A–A 剖面示意图（可手绘），并补齐应布置的竖向测温点位置。

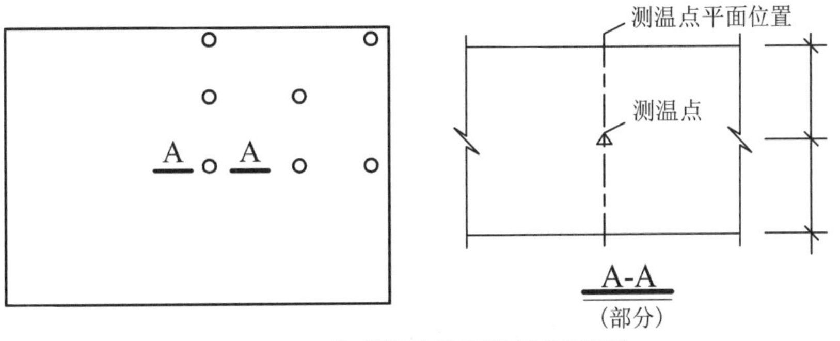

图 1A415030–1　分区测温点位置平面布置示意图

【考点 4】砌体基础施工（☆☆☆）[13 年单选，14 年多选]

- 砌体基础的主要形式有条形基础、独立基础等，砌体基础常采用扩大基础。
- 宜采用“三一”砌砖法（即一铲灰、一块砖、一挤揉）。
- 砌体基础必须采用水泥砂浆砌筑。
- 构造柱可不单独设置基础，但应伸入室外地面以下 500mm 或锚入浅于 500mm 的基础圈梁内。
- 多孔砖砌体应上下错缝、内外搭砌，宜采用一顺一丁或梅花丁的砌筑形式。砖柱不得采用包心砌法。

1A415040 主体结构工程施工

【考点 1】混凝土结构工程施工（☆☆☆☆☆）[13、15、16、17、18、19、21、22 年单选，16、19、20、21 年多选，15、18、20、22 年案例]

1. 模板工程

（1）常见模板体系及其特性

常见模板体系及其特性　　表 1A415040–1

类型	特性
胶合板模板	自重轻、板幅大、板面平整、施工安装方便简单
组合钢模板	优点：轻便灵活、拆装方便、通用性强、周转率高等。 缺点：接缝多且严密性差，导致混凝土成型后外观质量差

续表

类型	特性
钢框木（竹）胶合板模板	与组合钢模板比，其特点为自重轻、用钢量少、面积大、模板拼缝少、维修方便等
大模板	优点：模板整体性好、抗震性强、无拼缝等。 缺点：模板重量大，移动安装需起重机械吊运
组合铝合金模板	优点：重量轻、拼缝好、周转快、成型误差小、利于早拆体系应用。 缺点：成本较高、强度比钢模板小
早拆模板体系	部分模板可早拆，加快周转，节约成本

关于模板的类型的命题方式：作为混凝土浇筑模板的材料种类都有哪些？

（2）模板工程设计原则

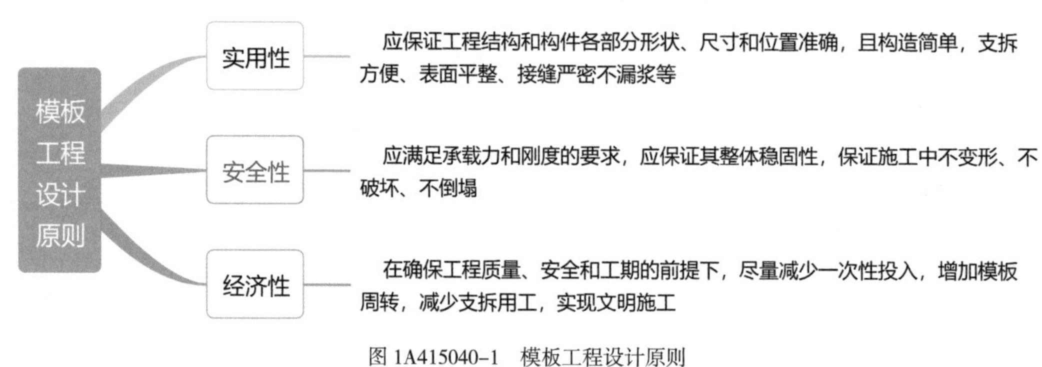

图 1A415040–1　模板工程设计原则

（3）模板工程安装要点

◆模板的木杆、钢管、门架等支架立柱不得混用。
◆对跨度不小于 4m 的现浇钢筋混凝土梁、板，其模板应按设计要求起拱；当设计无具体要求时，起拱高度应为跨度的 1/1000 ~ 3/1000。

本考点于 2015 年以案例分析题的形式对起拱高度进行了考核，但考核难度不大。

（4）模板的拆除

底模及支架拆除时的混凝土强度要求　　表 1A415040–2

构件类型	构件跨度（m）	达到设计的混凝土立方体抗压强度标准值的百分率（%）
板	≤ 2	≥ 50
	＞ 2，≤ 8	≥ 75
	＞ 8	≥ 100

续表

构件类型	构件跨度（m）	达到设计的混凝土立方体抗压强度标准值的百分率（%）
梁、拱、壳	≤ 8	≥ 75
	＞ 8	≥ 100
悬臂构件		≥ 100

1）底模及支架拆除时的混凝土强度应符合上表的规定。
2）快拆支架体系的支架立杆间距不应大于 2m。拆模时应保留立杆并顶托支承楼板，拆模时的混凝土强度可取构件跨度为 2m 按上表的规定确定。
3）本考点考核频次较高，且单项选择题、多项选择题和案例题的形式都有涉及。
4）本考点的命题方式举例如下：
①跨度 6m、设计混凝土强度等级 C30 的板，拆除底模时的同条件养护标准立方体试块抗压强度值至少应达到（　　）。
②某跨度 8m 的混凝土楼板，设计强度等级 C30，模板采用快拆支架体系，支架立杆间距 2m，拆模时混凝土的最低强度是（　　）MPa。
③背景材料中给出底模及支架拆除时的混凝土强度要求表，将要考核的数值用字母代替，让考生写出表中 A、B、C 处要求的数值。

2. 钢筋工程

（1）钢筋代换

◆钢筋代换时，应征得设计单位的同意，并办理相应手续。
◆钢筋代换除应满足设计要求的构件承载力、最大力下的总伸长率、裂缝宽度验算以及抗震规定外，还应满足最小配筋率、钢筋间距、保护层厚度、钢筋锚固长度、接头面积百分率及搭接长度等构造要求。

（2）钢筋连接

钢筋连接　　表 1A415040-3

项目	内容
连接方法	焊接、机械连接和绑扎连接
钢筋的焊接	直接承受动力荷载的结构构件中，纵向钢筋不宜采用焊接接头
钢筋机械连接	有钢筋套筒挤压连接、钢筋直螺纹套筒连接（包括钢筋镦粗直螺纹套筒连接、钢筋剥肋滚压直螺纹套筒连接）等方法
钢筋绑扎连接（或搭接）	当受拉钢筋直径大于 25mm、受压钢筋直径大于 28mm 时，不宜采用绑扎搭接接头。 轴心受拉及小偏心受拉杆件（如桁架和拱架的拉杆等）的纵向受力钢筋和直接承受动力荷载结构中的纵向受力钢筋均不得采用绑扎搭接接头

（3）钢筋加工

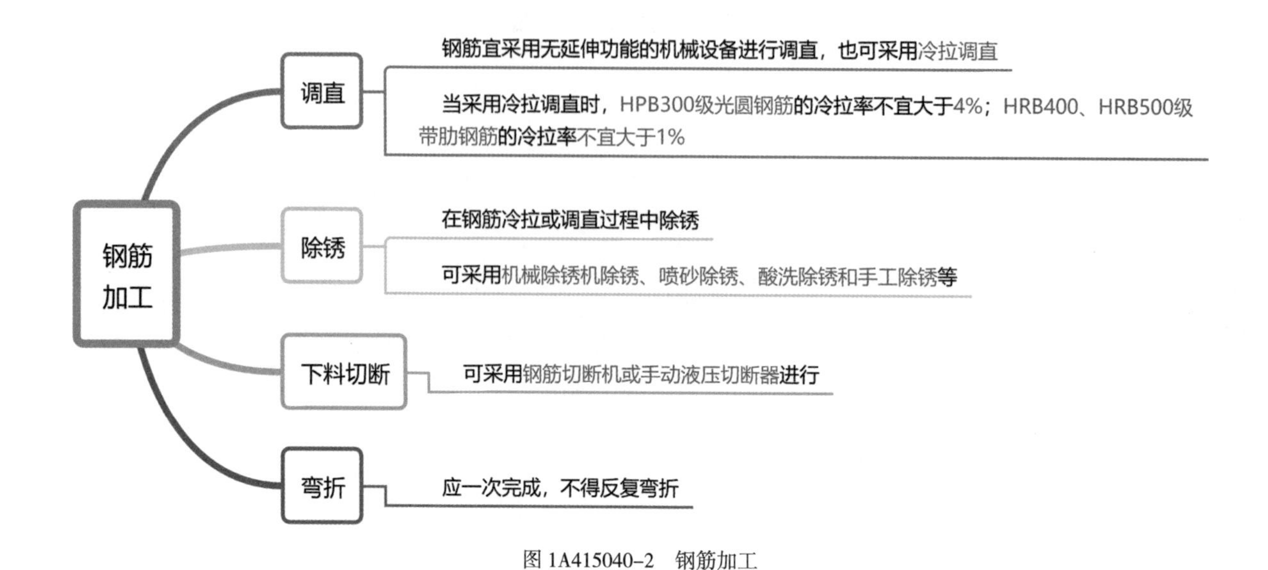

图 1A415040-2　钢筋加工

本考点单项选择题、多项选择题和案例题的形式可能会有所涉及。

3. 混凝土工程

混凝土工程　　表 1A415040-4

项目	内容	
混凝土材料	普通混凝土常用水泥有	硅酸盐水泥、普通硅酸盐水泥、矿渣硅酸盐水泥、火山灰质硅酸盐水泥、粉煤灰硅酸盐水泥和复合硅酸盐水泥
	外加剂	对于含有尿素、氨类等有刺激性气味成分的外加剂，不得用于房屋建筑工程中
混凝土的搅拌与运输	混凝土在运输中不宜发生分层、离析现象；否则，应在浇筑前二次搅拌	
混凝土浇筑	（1）浇筑混凝土应连续进行。 （2）混凝土宜分层浇筑，分层振捣。 （3）混凝土运输、输送、浇筑过程中散落的混凝土严禁直接用于结构浇筑	
施工缝	施工缝的留置位置	（1）柱：宜留置在基础、楼板、梁的顶面，梁和吊车梁牛腿、无梁楼板柱帽的下面。 （2）单向板：留置在平行于板的短边的任何位置。 （3）有主次梁的楼板：施工缝应留置在次梁跨中 1/3 范围内。 （4）墙：留置在门洞口过梁跨中 1/3 范围内，也可留在纵横墙的交接处
	继续浇筑混凝土	在已硬化的混凝土表面上，应清除水泥薄膜和松动石子以及软弱混凝土层，并加以充分湿润和冲洗干净，且不得积水。 在浇筑混凝土前，宜先在施工缝处刷一层水泥浆（可掺适量界面剂）或铺一层与混凝土内成分相同的水泥砂浆

续表

项目	内容
后浇带的设置和处理	填充后浇带，可采用微膨胀混凝土、强度等级比原结构强度提高一级，并保持至少 14d 的湿润养护
混凝土的养护	（1）对已浇筑完毕的混凝土，应在混凝土终凝前（通常为混凝土浇筑完毕后 8 ~ 12h 内），开始进行自然养护。 （2）混凝土采用覆盖浇水养护的时间：对采用硅酸盐水泥、普通硅酸盐水泥或矿渣硅酸盐水泥拌制的混凝土，不得少于 7d；对火山灰质硅酸盐水泥、粉煤灰硅酸盐水泥拌制的混凝土，不得少于 14d

本考点的命题方式举例如下：

（1）用于居住房屋建筑中的混凝土外加剂，不得含有（　　）成分。

（2）混凝土施工缝留置位置正确的有（　　）。

（3）施工缝的留置位置如下图所示。

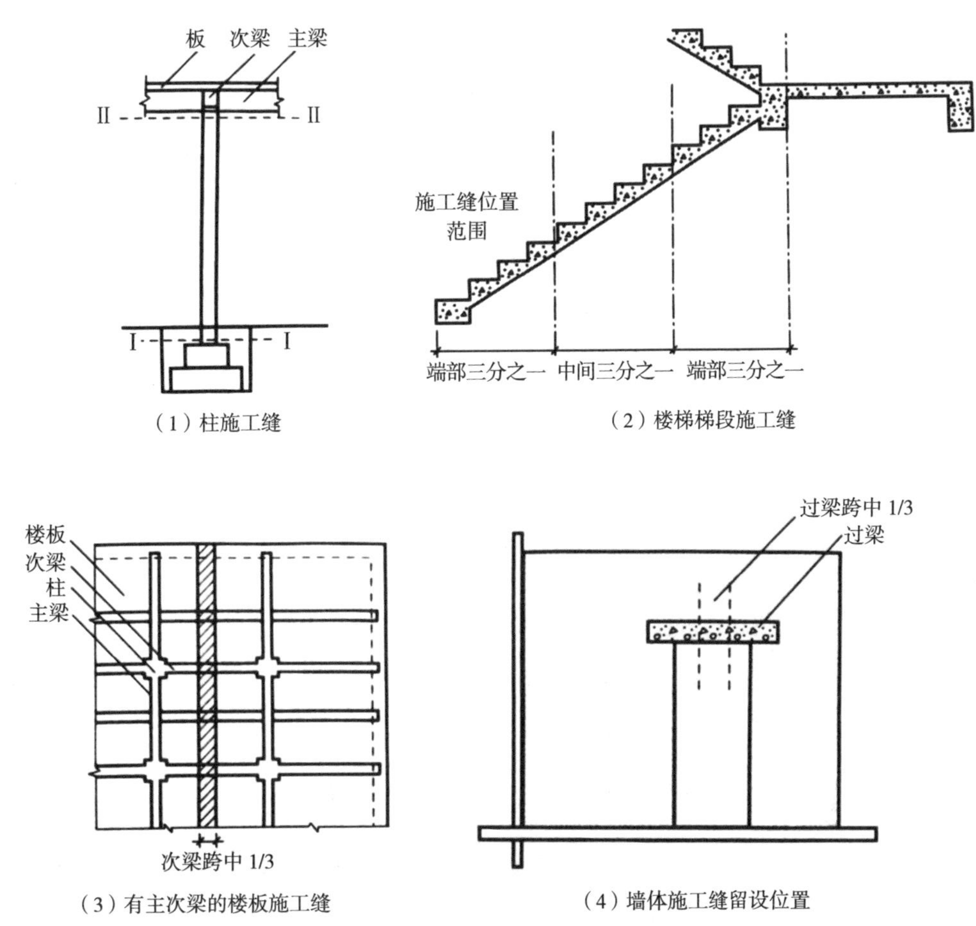

图 1A415040–3　施工缝的留置位置示意图

4. 预应力工程

预应力工程　　表 1A415040-5

项目	内容	
预应力损失	瞬间损失	孔道摩擦损失、锚固损失、弹性压缩损失等
	长期损失	预应力筋应力松弛损失和混凝土收缩徐变损失等
先张法预应力施工	预应力筋放张时，混凝土强度应符合设计要求；当设计无要求时，不应低于设计的混凝土立方体抗压强度标准值的 75%；采用消除应力钢丝或钢绞线作为预应力筋的先张法构件，尚不应低于 30MPa	
后张法预应力施工	（1）无粘结预应力筋的特点是不需预留孔道和灌浆，施工简单等，施工的主要工作是无粘结预应力筋的铺设、张拉和锚固区的处理。 （2）张拉顺序：宜按均匀、对称的原则张拉；预应力楼盖宜先张拉楼板、次梁，后张拉主梁的预应力筋；对于平卧重叠构件，宜先上后下逐层张拉	

（1）瞬间损失和长期损失易互为干扰选项进行单项选择题形式的考核。

（2）本考点的命题方式举例如下：

1）下列预应力损失中，属于长期 / 瞬间损失的是（　　）。

2）关于预应力工程施工的说法，正确的是（　　）

3）预应力楼盖的预应力筋张拉顺序是（　　）。

【考点 2】砌体结构工程施工（☆☆☆☆☆）[14、15、17、18、20 年单选，16 年多选，22 案例]

1. 砌筑砂浆

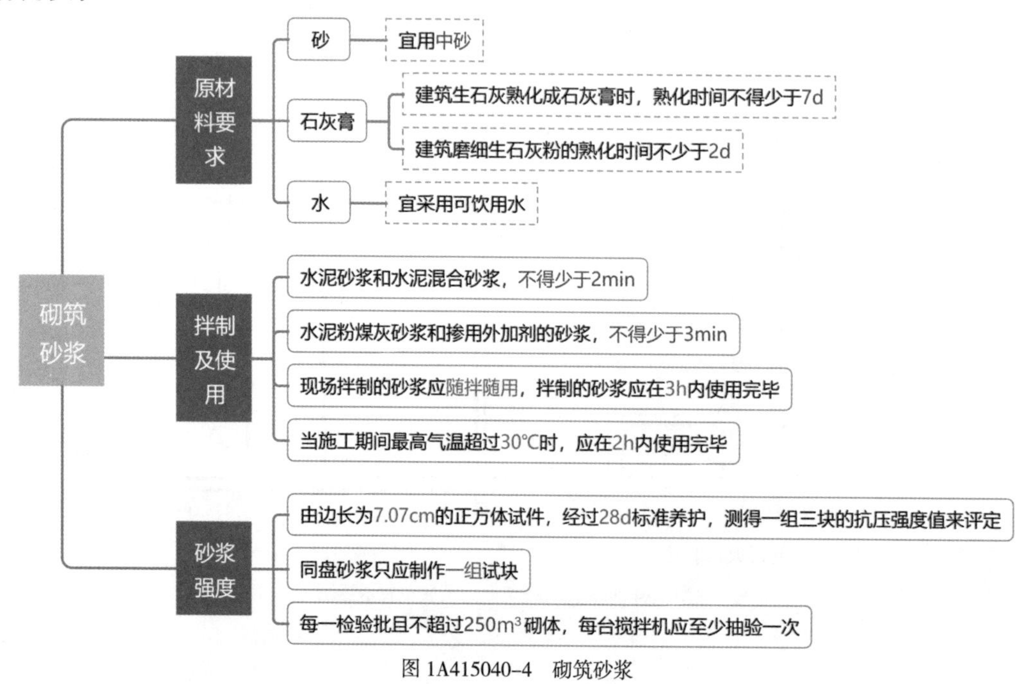

图 1A415040-4　砌筑砂浆

2. 砖砌体工程

砖砌体工程 **表 1A415040-6**

项目	内容
常用砌筑用砖	烧结普通砖、烧结多孔砖、混凝土多孔砖、混凝土实心砖、蒸压灰砂砖、蒸压粉煤灰砖等
烧结普通砖砌体	（1）砖应提前 1 ~ 2d 适度湿润，不得采用干砖或处于吸水饱和状态的砖砌筑。 （2）砌筑方法有“三一”砌筑法、挤浆法（铺浆法）、刮浆法和满口灰法四种。 （3）在抗震设防烈度为 8 度及以上地区，对不能同时砌筑而又必须留置的临时间断处应砌成斜槎，普通砖砌体斜槎水平投影长度不应小于高度的 2/3，多孔砖砌体的斜槎长高比不应小于 1/2。 （4）设有钢筋混凝土构造柱的抗震多层砖房，应先绑扎钢筋，而后砌砖墙，最后浇筑混凝土
砖柱	（1）砖柱应选用整砖砌筑。 （2）砖柱断面宜为方形或矩形。 （3）砖柱砌筑应保证砖柱外表面上下皮垂直灰缝相互错开 1/4 砖长，砖柱不得采用包心砌法
砖垛	砖垛外表面上下皮垂直灰缝应相互错开 1/2 砖长
多孔砖	多孔砖的孔洞应垂直于受压面砌筑
烧结空心砖墙	空心砖墙的转角处及交接处应同时砌筑，不得留直槎；留斜槎时，其高度不宜大于 1.2m

（1）普通砖砌体、多孔砖砌体斜槎长高比示意图如下图所示：

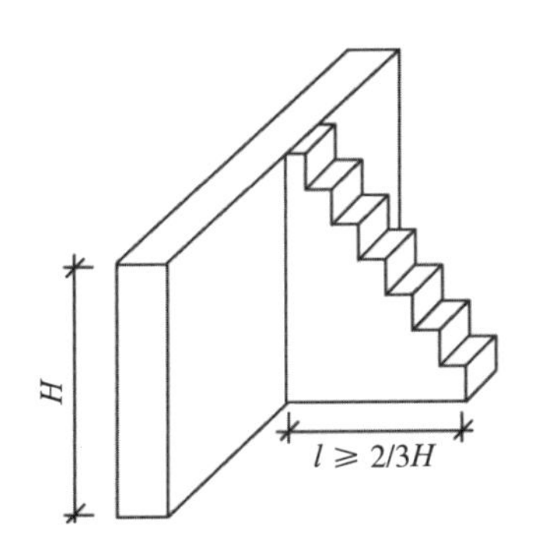

普通砖砌体斜槎长高比 ≥ 2/3

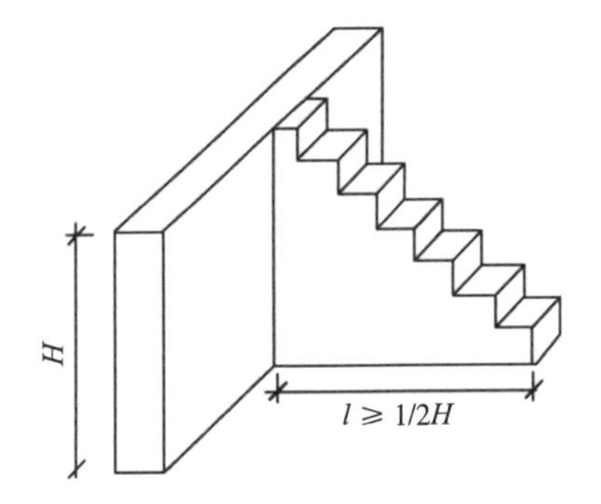

多孔砖砌体斜槎长高比 ≥ 1/2

图 1A415040-5　普通砖砌体、多孔砖砌体斜槎长高比示意图

（2）不得设置脚手眼的墙体或部位

◆ 120mm 厚墙、清水墙、料石墙、独立柱和附墙柱。

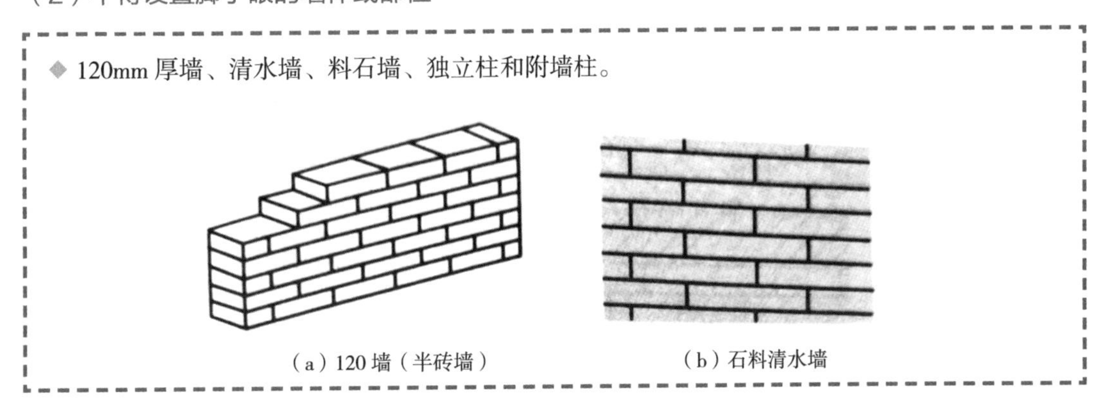

（a）120 墙（半砖墙）　（b）石料清水墙

◆过梁上与过梁成 60° 的三角形范围及过梁净跨度 1/2 的高度范围内。

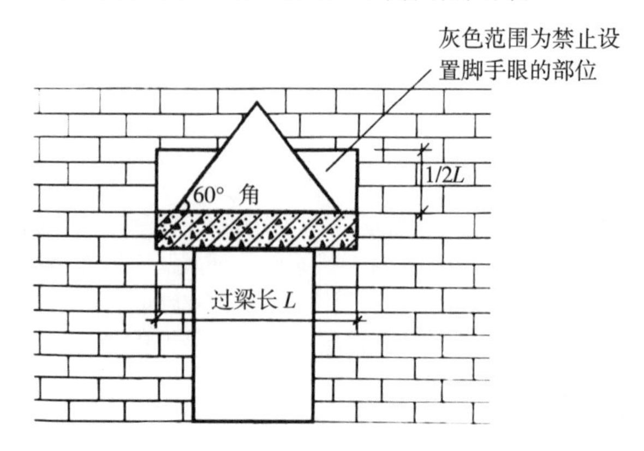

◆宽度小于 1m 的窗间墙。

◆门窗洞口两侧石砌体 300mm，其他砌体 200mm 范围内；转角处石砌体 600mm，其他砌体 450mm 范围内。

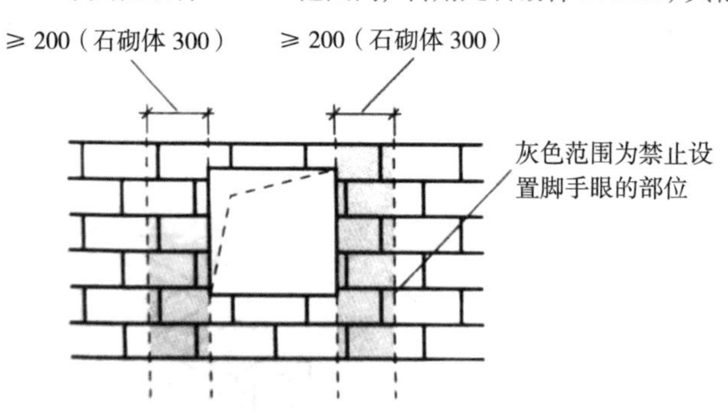

◆梁或梁垫下及其左右 500mm 范围内。

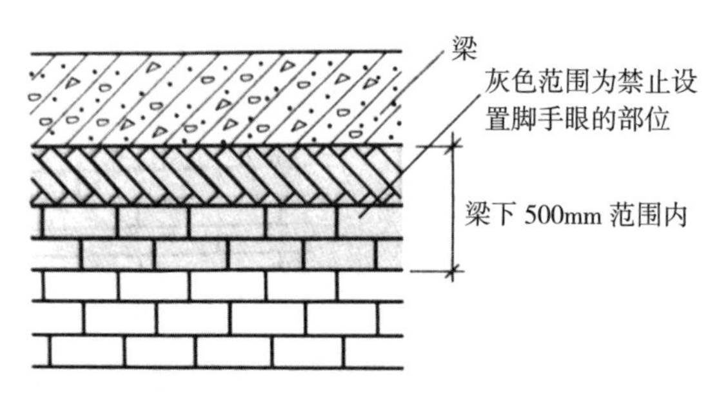

◆设计不允许设置脚手眼的部位。

◆轻质墙体。

◆夹心复合墙外叶墙。

3. 填充墙砌体工程

◆砌筑填充墙时，轻骨料混凝土小型空心砌块和蒸压加气混凝土砌块的产品龄期不应小于 28d，蒸压加气混凝土砌块的含水率宜小于 30%。

◆在厨房、卫生间、浴室等处采用轻骨料混凝土小型空心砌块、蒸压加气混凝土砌块砌筑墙体时，墙底部宜现浇混凝土坎台，其高度应为 150mm。

◆加气混凝土墙上不得留设脚手眼。每一楼层内的砌块墙应连续砌完，不留接槎。

◆砌筑填充墙时应错缝搭砌，蒸压加气混凝土砌块搭砌长度不应小于砌块长度的 1/3。

【考点 3】钢结构工程施工（☆☆☆☆☆）

[14、18、19、20、21 年单选，13、15 年多选，15、16、18、22 案例]

1. 钢结构构件的连接

（1）焊接方法

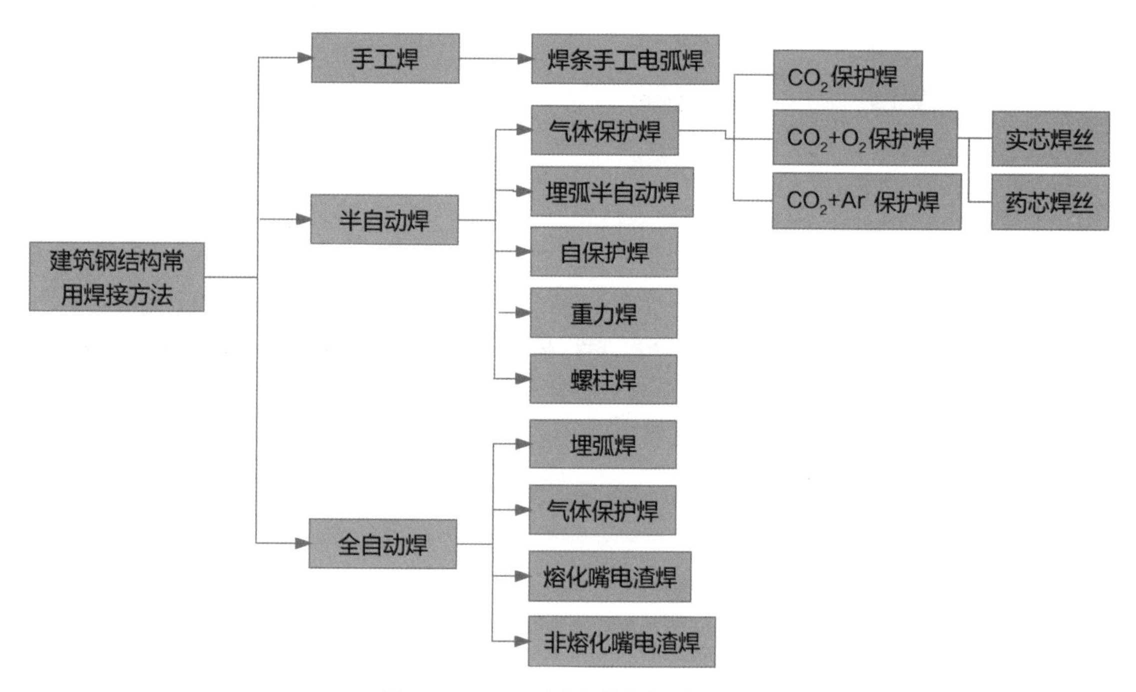

图 1A415040-6 建筑钢结构常用焊接方法

（2）焊接工艺评定试验

◆焊工应经考试合格并取得资格证书，应在认可的范围内进行焊接作业，严禁无证上岗。
◆施工单位首次采用的钢材、焊接材料、焊接方法、接头形式、焊接位置、焊后热处理制度以及焊接工艺参数、预热和后热措施等各种参数及参数的组合，应在钢结构制作及安装前进行焊接工艺评定试验。

1）本考点是案例分析题的考核要点，曾于 2016 年、2022 年进行了重复性的考核。
2）命题形式通常为：哪些情况需要进行焊接工艺评定试验？

（3）焊缝缺陷

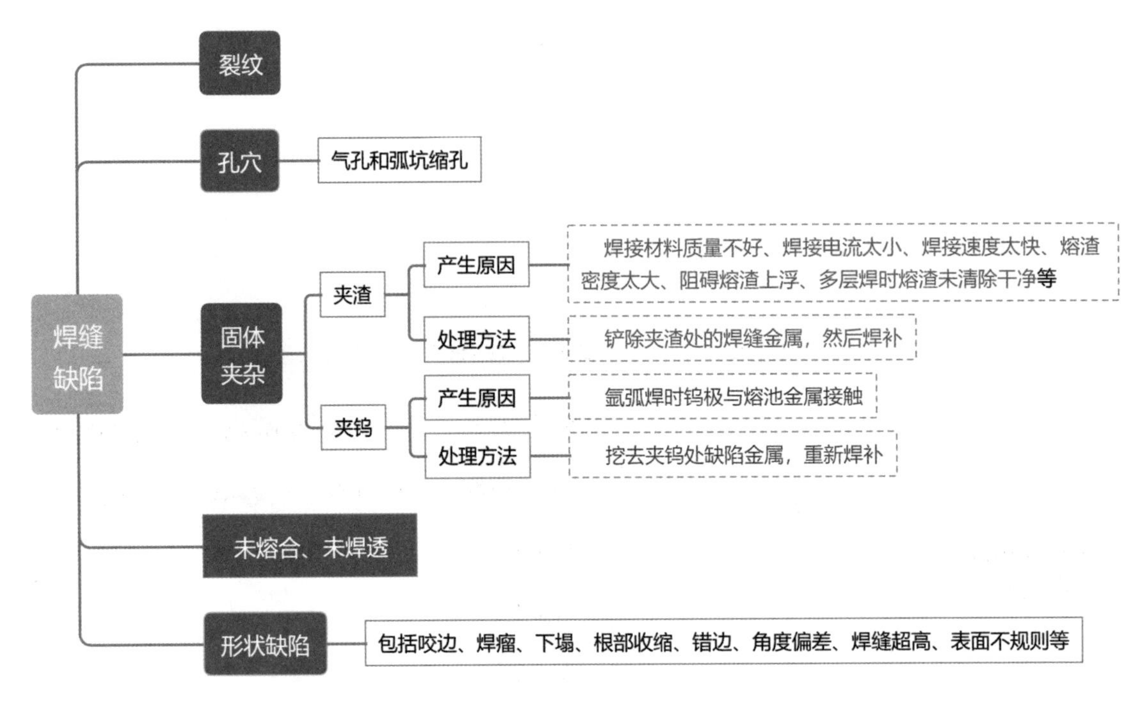

图 1A415040–7　焊缝缺陷

1）本考点考核频次较高，且单项选择题、案例题的形式都有涉及。
2）本考点的命题方式举例如下：
①易产生焊缝固体夹渣缺陷的原因是（　　）。
②下列属于产生焊缝固体夹渣缺陷主要原因的是（　　）。
③焊缝缺陷还有哪些类型?

（4）普通螺栓连接

普通螺栓链接　　表 1A415040–7

项目	内容
常用	普通螺栓有六角螺栓、双头螺栓和地脚螺栓
作为永久性连接螺栓	（1）螺栓头和螺母（包括螺栓）应和结构件的表面及垫圈密贴。 （2）每个螺栓头侧放置的垫圈不应多于两个，螺母侧垫圈不应多于 1 个，并不得采用大螺母代替垫圈，螺栓拧紧后，外露丝扣不应少于 2 扣。 （3）对于设计有防松动要求的螺栓应采用有防松动装置的螺栓（即双螺母）或弹簧垫圈，或用人工方法采取防松动措施。 （4）对于动荷载或重要部位的螺栓连接应按设计要求放置弹簧垫圈，弹簧垫圈必须设置在螺母一侧。 （5）永久性普通螺栓紧固质量，可采用锤击法检查

（5）高强度螺栓连接

高强度螺栓连接 表 1A415040-8

项目	内容
分类	按连接形式通常分为摩擦连接、张拉连接和承压连接等。 摩擦连接是目前广泛采用的基本连接形式
摩擦面的处理方法	喷砂（丸）法、酸洗法、砂轮打磨法和钢丝刷人工除锈法等
施拧	（1）高强度大六角头螺栓连接副施拧可采用扭矩法或转角法。 （2）同一接头中，高强度螺栓连接副的初拧、复拧、终拧应在 24h 内完成。 （3）高强度螺栓连接副初拧、复拧和终拧原则上应以接头刚度较大的部位向约束较小的方向、螺栓群中央向四周的顺序进行

本考点的命题方式举例如下：

1）高强度螺栓广泛采用的连接形式是（　　）。

2）关于钢结构高强度螺栓安装的说法，正确的有（　　）。

2. 高层钢结构的安装

关于准备工作易以案例题的形式进行考核。

◆准备工作：包括钢构件预检和配套、定位轴线及标高和地脚螺栓的检查、钢构件现场堆放、安装机械的选择、安装流水段的划分和安装顺序的确定、劳动力的进场等。

◆多层及高层钢结构吊装，在分片区的基础上，多采用综合吊装法。

◆高层建筑的钢柱通常以 2 ~ 4 层为一节，吊装一般采用一点正吊。

3. 网架结构安装

网架结构安装 表 1A415040-9

类型	适用范围
高空散装法	全支架拼装的各种类型的空间网格结构，尤其适用于螺栓连接、销轴连接等非焊接连接的结构
分条或分块安装法	分割后刚度和受力状况改变较小的网架
滑移法	能设置平行滑轨的各种空间网格结构，尤其适用于必须跨越施工（不允许搭设支架）或场地狭窄、起重运输不便等情况
整体吊装法	中小型网架
整体提升法	各种类型的网架
整体顶升法	支点较少的多点支承网架

（1）这是多项选择题和案例分析题很好的采分点。

（2）网架结构具有空间受力、重量轻、刚度大、抗震性能好、外形美观等优点。有三角锥、三棱体、正方体、截头四角锥等基本单元和焊接空心球节点、螺栓球节点、板节点、毂节点、相贯节点等节点形式，可组合成三边形、四边形、六边形、圆形等平板型或微曲面型结构。

（3）高空散装法脚手架用量大，高空作业多，工期较长，需占建筑物场内用地，且技术上有一定难度。

（4）本考点的命题方式举例如下：

1）下列连接节点中，适用于网架结构的有（　　）。

2）网架安装方法还有哪些？网架高空散装法施工的特点还有哪些？

【考点 4】装配式混凝土结构工程施工（☆☆☆☆）[18、19、21 年单选]

1. 预制构件生产、吊运与存放

预制构件生产、吊运与存放　　表 1A415040-10

项目	内容
生产要求	预制构件生产宜建立首件验收制度
吊运要求	（1）吊索水平夹角不宜小于 60°，不应小于 45°。 （2）外墙板宜采用立式运输，外饰面层应朝外，梁、板、楼梯、阳台宜采用水平运输
存放要求	（1）预制楼板、叠合板、阳台板和空调板等构件宜平放，叠放层数不宜超过 6 层。 （2）预制柱、梁等细长构件应平放，且用两条垫木支撑

2. 预制构件安装

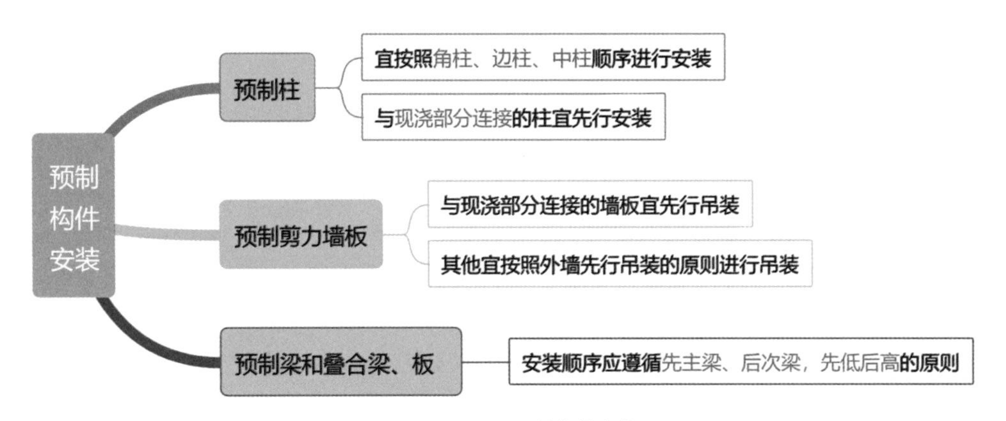

图 1A415040-8　预制构件安装

1A415050 防水工程施工

【考点 1】地下防水工程施工（☆☆☆☆☆）[14、15、18、19 年单选，19 年多选，14 案例]

1. 地下防水工程的一般要求

◆地下工程的防水等级分为四级。
◆防水混凝土的适用环境温度不得高于 80℃。

本考点曾以单项选择题和案例题的形式进行过重复性的考核。

2. 防水混凝土施工

防水混凝土施工　　表 1A415050-1

项目	内容
抗渗等级	（1）抗渗等级不得小于 P6。 （2）其试配混凝土的抗渗等级应比设计要求提高 0.2MPa
材料	（1）用于防水混凝土的水泥品种宜采用硅酸盐水泥、普通硅酸盐水泥。 （2）砂宜选用中粗砂，含泥量不应大于 3%，泥块含量不宜大于 1%。不宜使用海砂
预拌混凝土的初凝时间	宜为 6 ~ 8h
搅拌	采用机械搅拌，搅拌时间不宜小于 2min
浇筑	防水混凝土应分层连续浇筑，分层厚度不得大于 500mm。
施工缝	（1）墙体水平施工缝不应留在剪力最大处或底板与侧墙的交接处，应留在高出底板表面不小于 300mm 的墙体上。 （2）拱（板）墙结合的水平施工缝，宜留在拱（板）墙接缝线以下 150 ~ 300mm 处。 （3）墙体有预留孔洞时，施工缝距孔洞边缘不应小于 300mm
大体积防水混凝土	（1）宜选用水化热低和凝结时间长的水泥，宜掺入减水剂、缓凝剂等外加剂和粉煤灰、磨细矿渣粉等掺合料。 （2）掺粉煤灰混凝土设计强度等级的龄期宜为 60d 或 90d。 （3）高温期施工时，入模温度不应大于 30℃。 （4）混凝土中心温度与表面温度的差值不应大于 25℃，表面温度与大气温度的差值不应大于 20℃，养护时间不得少于 14d
止水措施	地下室外墙穿墙管必须采取止水措施，单独埋设的管道可采用套管式穿墙防水。当管道集中多管时，可采用穿墙群管的防水方法

（1）防水混凝土应连续浇筑，宜少留施工缝。
（2）墙体水平施工缝留设位置如下图所示。

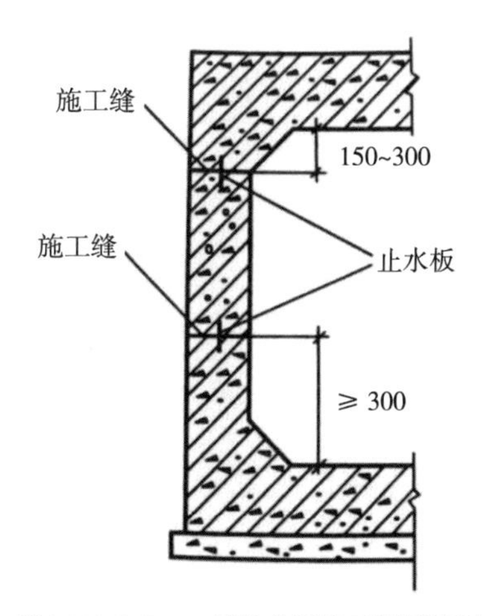

图 1A415050-1　墙体水平施工缝留设位置

（3）地下室穿墙群管的防水构造如下图所示。

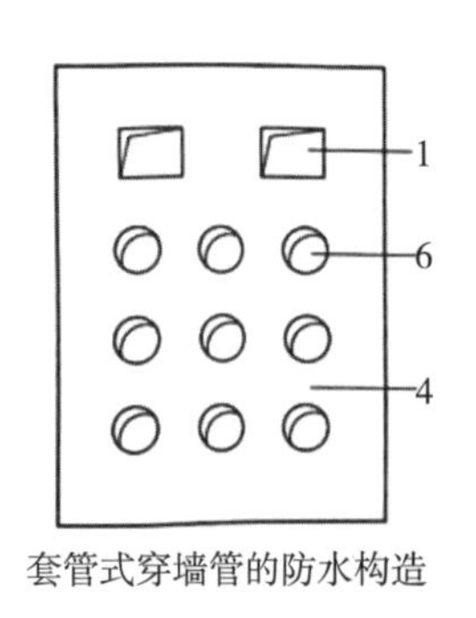

套管式穿墙管的防水构造

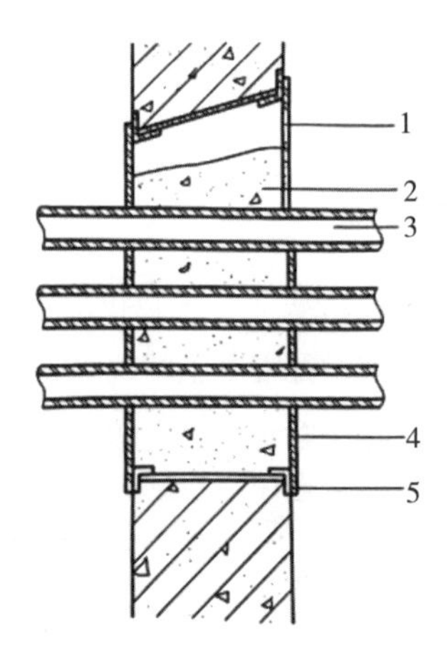

1—浇注孔；2—柔性材料或细石混凝土；3—穿墙管；4—封口钢板；5—固定角钢；6—预留孔

图 1A415050–2　地下室穿墙群管的防水构造

3. 卷材防水层施工

先立面后平面，先转角后大面。

◆铺贴卷材严禁在雨天、雪天、五级及以上大风中施工；冷粘法、自粘法施工的环境气温不宜低于 5℃，热熔法、焊接法施工的环境气温不宜低于−10℃。

◆卷材防水层应铺设在混凝土结构的迎水面上。

◆结构底板垫层混凝土部位的卷材可采用空铺法或点粘法施工，侧墙采用外防外贴法的卷材及顶板部位的卷材应采用满粘法施工。

◆铺贴双层卷材时，上下两层和相邻两幅卷材的接缝应错开 1/3 ~ 1/2 幅宽，且两层卷材不得相互垂直铺贴。

◆外防内贴法铺贴：

（1）混凝土结构的保护墙内表面应抹厚度为 20mm 的 1 ： 3 水泥砂浆找平层，然后铺贴卷材。

（2）卷材宜先铺立面，后铺平面；铺贴立面时，应先铺转角，后铺大面。

（1）要注意上述涉及“禁止”“不宜”“不得”等的限定词，其常以反向表述作为干扰选项进行考核。

（2）注意区分冷粘法、自粘法与热熔法、焊接法对环境气温的不同要求。

（3）外防外贴法与外防内贴法施工示意图如下图所示。

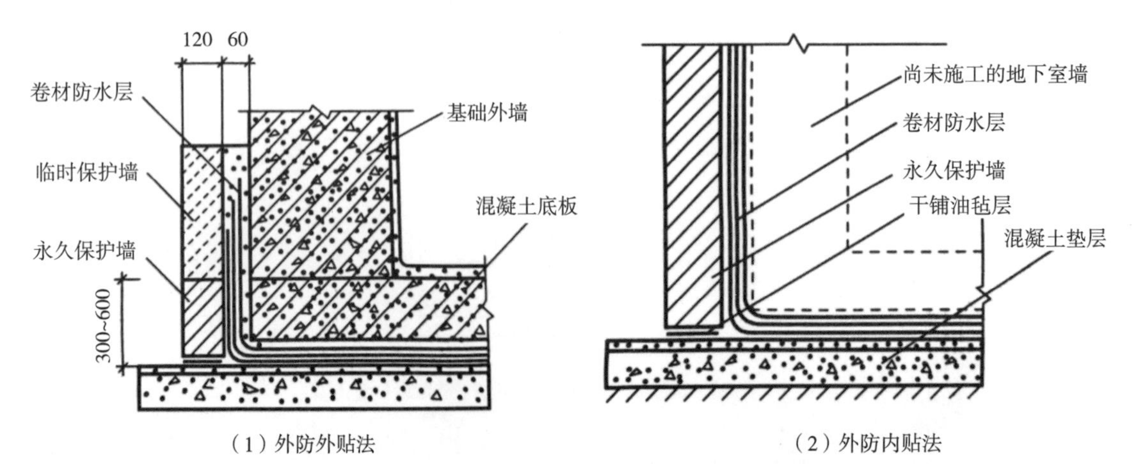

（1）外防外贴法　　（2）外防内贴法

图 1A415050–3　外防外贴法与外防内贴法施工示意图

【考点 2】屋面防水工程施工（☆☆☆☆）[18 年单选，17 年多选，19 案例]

1. 屋面防水等级和设防要求

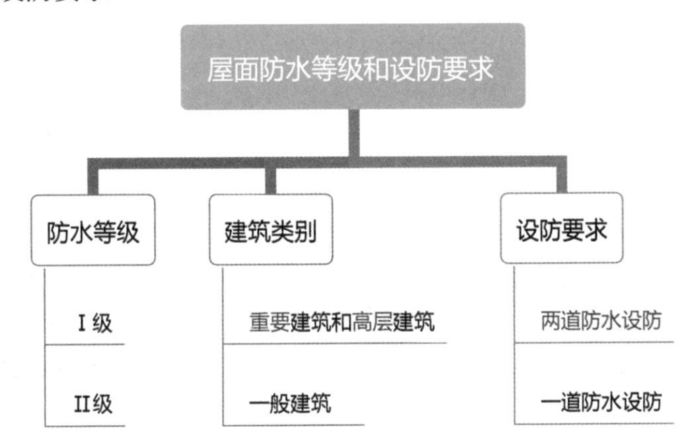

图 1A415050-4 屋面防水等级和设防要求

2. 屋面防水基本要求

◆屋面防水应以防为主，以排为辅。
◆水泥终凝前完成收水后应二次压光，并应及时取出分格条。养护时间不得少于 7d。
◆涂膜防水层的胎体增强材料宜采用无纺布或化纤无纺布；胎体增强材料长边搭接宽度不应小于 50mm，短边搭接宽度不应小于 70mm；上下层胎体增强材料的长边搭接缝应错开，且不得小于幅宽的 1/3；上下层胎体增强材料不得相互垂直铺设。

胎体增强材料铺贴要求如下图所示。

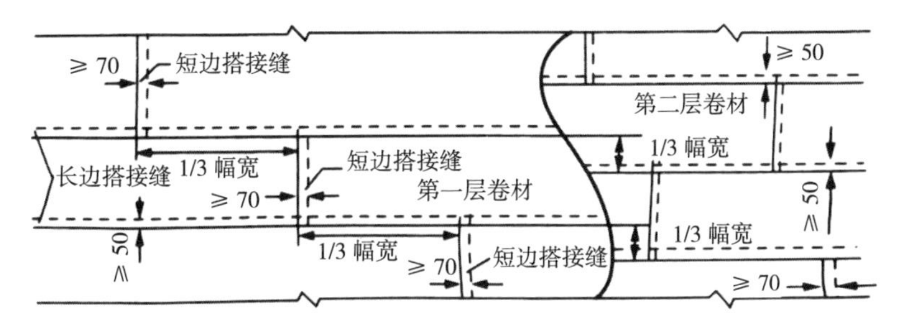

图 1A415050-5 胎体增强材料铺贴要求

3. 卷材防水层屋面施工

◆卷材防水层施工时，应先进行细部构造处理，然后由屋面最低标高向上铺贴。
◆檐沟、天沟卷材施工时，宜顺檐沟、天沟方向铺贴，搭接缝应顺流水方向。
◆卷材宜平行屋脊铺贴，上下层卷材不得相互垂直铺贴。
◆平行屋脊的搭接缝应顺流水方向。
◆叠层铺贴的各层卷材，在天沟与屋面的交接处，应采用叉接法搭接，搭接缝应错开；搭接缝宜留在屋面与天沟侧面，不宜留在沟底。

（1）这是多项选择题和案例分析题很好的采分点，案例题多为进行查漏补缺形式的考核。

（2）本考点的命题方式举例如下：

1）关于屋面卷材防水施工要求的说法，正确的有（　　）。

2）除背景资料外，屋面防水卷材铺贴方法还有哪些？屋面卷材防水铺贴顺序和方向要求还有哪些？

4. 涂膜防水层屋面施工

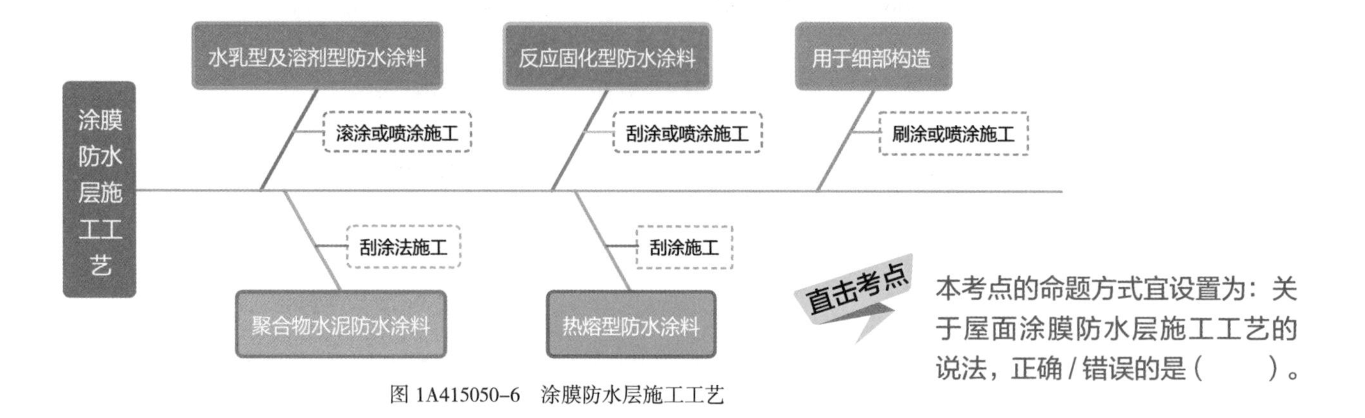

图 1A415050-6　涂膜防水层施工工艺

直击考点　本考点的命题方式宜设置为：关于屋面涂膜防水层施工工艺的说法，正确 / 错误的是（　　）。

5. 保护层和隔离层施工

◆在砂结合层上铺设块体时，砂结合层应平整，块体间应预留 10mm 的缝隙，缝内应填砂，并应用 1 ：2 水泥砂浆勾缝。
◆在水泥砂浆结合层上铺设块体时，应先在防水层上做隔离层，块体间应预留 10mm 的缝隙，缝内应用 1 ：2 水泥砂浆勾缝。
◆水泥砂浆及细石混凝土保护层铺设前，应在防水层上做隔离层。
◆细石混凝土铺设不宜留施工缝。

在水泥砂浆结合层上铺设块体材料保护层如下图所示。

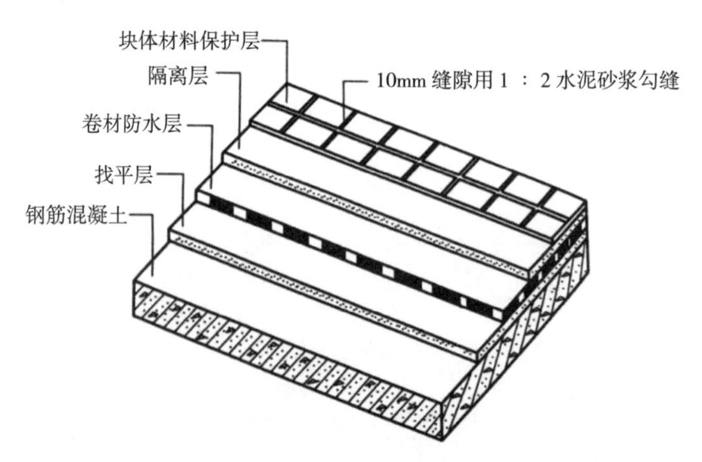

图 1A415050-7　在水泥砂浆结合层上铺设块体材料保护层示意图

6. 檐口、檐沟、天沟、水落口等细部的施工

檐口、檐沟、天沟、水落口等细部的施工　　表 1A415050-2

位置	施工要点	施工示意图
檐口	（1）卷材防水屋面檐口 800mm 范围内的卷材应满粘。 （2）檐口下端应做鹰嘴和滴水槽（如右图所示）	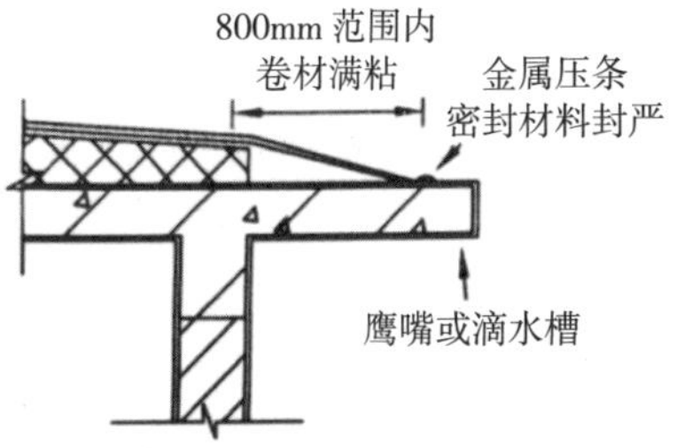 檐口施工示意图
檐沟和天沟	檐沟和天沟的防水层下应增设附加层，附加层伸入屋面的宽度不应小于 250mm。檐沟防水层和附加层应由沟底翻上至外侧顶部，卷材收头应用金属压条钉压，并应用密封材料封严，涂膜收头应用防水涂料多遍涂刷。女儿墙泛水处的防水层下应增设附加层，附加层在平面和立面的宽度均不应小于 250mm（如右图所示）	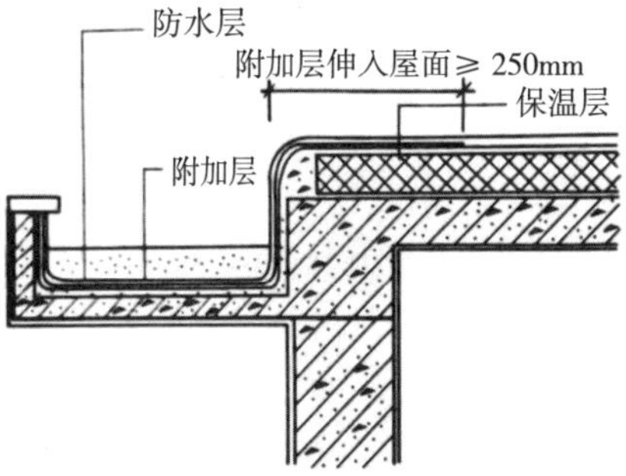 檐沟防水层下增设附加层 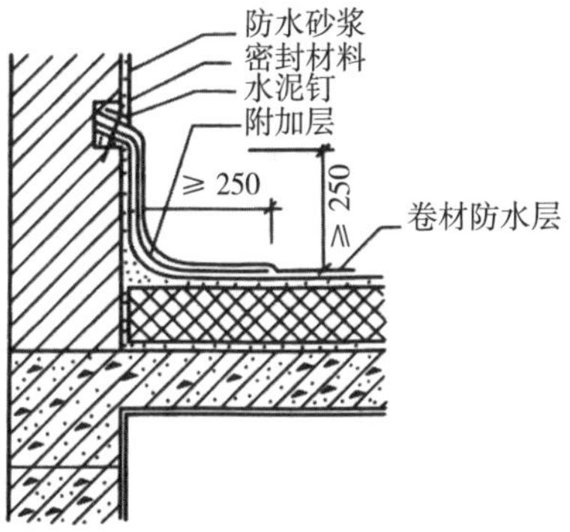 女儿墙泛水处增设附加层
水落口	水落口周围直径 500mm 范围内坡度不应小于 5%，防水层下应增设涂膜附加层；防水层和附加层伸入水落口杯内不应小于 50mm，并应粘结牢固（如右图所示）	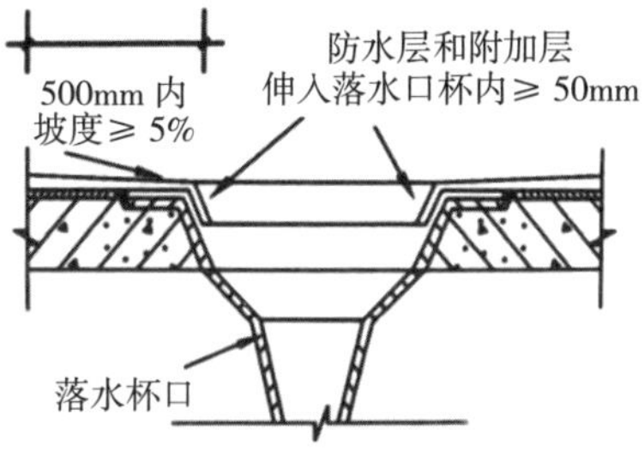 水落口施工示意图

【考点 3】室内防水工程施工（☆☆☆）[22 年单选，15 年多选]

1. 室内防水混凝土施工

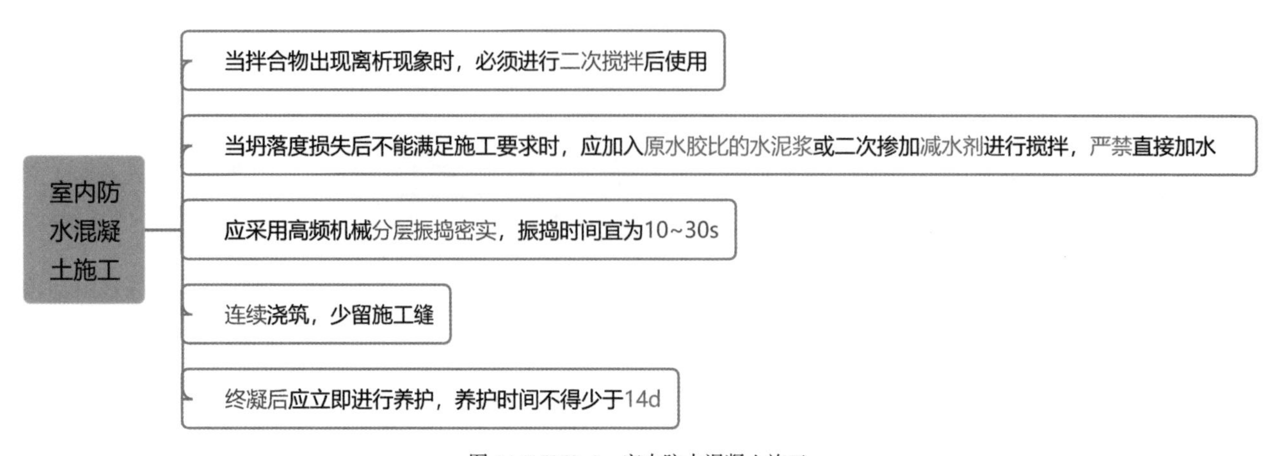

图 1A415050-8 室内防水混凝土施工

2. 室内防水水泥砂浆施工

本考点的命题方式多为：关于 ×× 的说法，正确 / 错误的是（ ）。

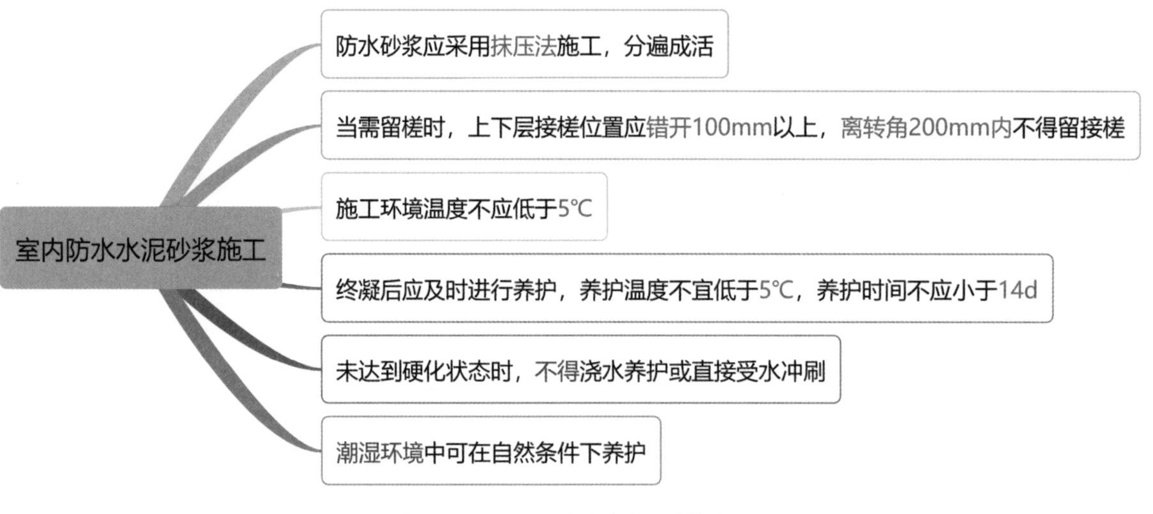

图 1A415050-9 室内防水水泥砂浆施工

3. 室内涂膜防水层施工

◆基层应平整牢固，表面不得出现孔洞、蜂窝麻面、缝隙等缺陷。
◆施工环境温度：溶剂型涂料宜为 0 ~ 35℃，水乳型涂料宜为 5 ~ 35℃。
◆涂膜防水层应多遍成活，后一遍涂料施工应待前一遍涂层实干后再进行，前后两遍的涂刷方向应相互垂直，并宜先涂刷立面，后涂刷平面。
◆胎体材料长短边搭接不应小于 50mm，相邻短边接头应错开不小于 500mm。

1A415060 装饰装修工程施工

【考点1】轻质隔墙工程施工（☆☆☆☆）[18、19 年单选，22 年多选]

1. 轻质隔墙工程

轻质隔墙工程类型及工艺流程 表 1A415060–1

类型	工艺流程
轻钢龙骨罩面板施工	弹线→安装天地龙骨→安装竖龙骨→安装通贯龙骨→机电管线安装→安装横撑龙骨→门窗等洞口制作→安装罩面板（一侧）→安装填充材料（岩棉）→安装罩面板（另一侧）
板材隔墙施工	基层处理→放线→配板、修补→支设临时方木→配置胶粘剂→安装 U 形卡件或 L 形卡件（有抗震设计要求时）→安装隔墙板→安装门窗框→设备、电气管线安装→板缝处理

（1）骨架隔墙大多为轻钢龙骨或木龙骨，饰面板有石膏板、埃特板、GRC 板、PC 板、胶合板等。
（2）天地龙骨与建筑顶、地连接及竖龙骨与墙、柱连接可采用射钉或膨胀螺栓固定。
（3）安装横撑龙骨：隔墙骨架高度超过 3m 时，或罩面板的水平方向板端（接缝）未落在沿顶沿地龙骨上时，应设横向龙骨。
（4）隔墙板安装顺序应从门洞口处向两端依次进行，门洞两侧宜用整块板；无门洞的墙体，应从一端向另一端顺序安装。加气混凝土隔墙胶粘剂一般采用建筑胶聚合物砂浆，GRC 空心混凝土隔墙胶粘剂一般采用建筑胶粘剂，增强水泥条板、轻质混凝土条板、预制混凝土板等则采用丙烯酸类聚合物液状胶粘剂。
（5）本考点的命题方式举例如下：
1）下列板材内隔墙施工工艺顺序中，正确的是（　　）。
2）关于轻质隔墙工程的施工做法，正确 / 错误的是（　　）。
3）采用丙烯酸类聚合物液状胶粘剂的有（　　）。

2. 饰面板和饰面砖工程

饰面板和饰面砖工程 表 1A415060–2

工程	类型
饰面板工程	饰面板工程按面层材料不同，分为石材饰面板工程、瓷板饰面工程、金属饰面板工程、木质饰面板工程、玻璃饰面板工程、塑料饰面板工程等。 饰面板安装工程一般是指内墙饰面板工程和高度不大于 24m、抗震设防烈度不大于 8 度的外墙饰面板安装工程
饰面砖工程	饰面砖是指内墙饰面砖粘贴和高度不大于 100mm、抗震设防烈度不大于 8 度、采用满粘法施工的外墙饰面砖粘贴等工程

【考点 2】吊顶工程施工（☆☆☆）[16 年单选]

吊顶工程施工　　表 1A415060-3

分类	施工流程
暗龙骨吊顶	放线→弹龙骨分档线→安装水电管线→安装主龙骨→安装副龙骨→安装罩面板→安装压条
明龙骨吊顶	顶棚标高弹水平线→弹龙骨分档线→安装水电管线→安装主龙骨→安装副龙骨→安装罩面板→安装压条

（1）施工流程的命题方式宜为：下列暗龙骨吊顶工序的排序中，正确的是（　　）。

（2）吊顶安装施工要点：

1）主龙骨间距不大于 1200mm。

2）纸面石膏板的长边（即包封边）应沿纵向次龙骨铺设。

3）固定次龙骨的间距，一般不应大于 600mm，在南方潮湿地区，间距应适当减小，以 300mm 为宜。

（3）吊顶安装示意图如下图所示。

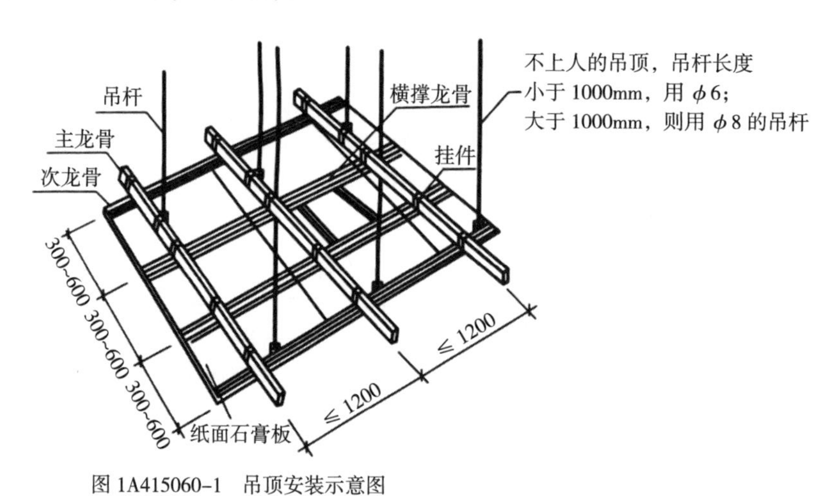

图 1A415060-1　吊顶安装示意图

【考点 3】地面工程施工工艺（☆☆☆）[21 案例]

1. 石材饰面施工

石材饰面施工　　表 1A415060-4

项目		内容
工艺流程		基层处理→放线→试拼石材→铺设结合层砂浆→铺设石材→养护→勾缝
施工工艺	放线	在四周墙、柱上弹出面层的标高控制线
	试拼石材	依照石材排版，预排石材，并在地面弹出十字控制线和分格线
	铺设结合层砂浆	铺设前应将基底湿润，在基底上刷一道素水泥浆或界面剂，随刷随铺搅拌均匀的干硬性水泥砂浆
	铺设石材	浅色石材铺设时应选用白水泥作为水泥膏使用
	养护	养护时间不得小于 7d。养护期间石材表面不得铺设塑料薄膜和洒水，不得进行勾缝施工
	勾缝	铺装完成 28d 或胶粘剂固化干燥后，进行勾缝，缝要求清晰、顺直、平整、光滑、深浅一致

2. 瓷砖面层施工

瓷砖面层施工 表 1A415060-5

项目		内容
工艺流程		基底处理→放线→浸砖→铺设结合层砂浆→铺砖→养护→检查验收→勾缝→成品保护
施工工艺	浸砖	铺贴前清理干净瓷砖背面的脱模剂，在水中充分浸泡（需要时），浸水后的瓷砖应阴干备用，以瓷砖表面有潮湿感但手按无水迹为准
	铺设结合层砂浆	铺设前应将基底湿润，并在基底上刷一道素水泥浆或界面剂，随刷随铺设搅拌均匀的干硬性水泥砂浆（镘刀刮粘结剂）
	养护	养护时间不得小于 7d
	勾缝	铺装完成 28d 或胶粘剂固化干燥后，进行勾缝；勾缝时采用专用勾缝剂，要求缝清晰、顺直、平整、光滑、深浅一致，且缝应略低于砖面

【考点 4】涂饰、裱糊等工程施工（☆☆☆）[21 年单选]

1. 涂饰工程

涂饰工程 表 1A415060-6

项目	内容
施工环境要求	水性涂料施工的环境温度应在 5 ~ 35℃之间。 冬期施工室内温度不宜低于 5℃，相对湿度在 85% 以下，并在采暖条件下进行
材料技术要求	民用建筑工程室内装修所用的水性涂料必须有同批次产品的挥发性有机化合物（VOC）和游离甲醛含量检测报告，溶剂型涂料必须有同批次产品的挥发性有机化合物（VOC）、苯、甲苯、二甲苯、游离甲苯二异氰酸酯（TDI）含量检测报告

2. 软包工程

软包工程 表 1A415060-7

项目	内容
材料要求	龙骨一般用轻钢龙骨，采用实木材料时，含水率不大于 12%，厚度应根据设计要求，不得有腐朽、节疤、劈裂、扭曲等疵病，并预先经防腐处理。 龙骨、衬板、边框应安装牢固，无翘曲，拼缝应平直
工艺流程	基层处理→放线→裁割衬板→试铺衬板套→裁填充料和面料→粘贴填充料→包面料→安装

【考点 5】幕墙工程施工（☆☆☆☆☆）[15、17、22 年单选，18、19、20、22 年多选，15 案例]

1. 幕墙工程施工验收要点

幕墙工程施工验收要点　　表 1A415060-8

项目	验收要点
材料进场	（1）材料进场应由施工单位会同监理或建设单位组织验收。 （2）对后置埋件的验收要点： 1）后置埋件的品种、规格是否符合设计要求； 2）锚板和锚栓的材质、锚栓埋置深度及拉拔力等是否符合设计要求； 3）化学锚栓的锚固胶是否符合设计和规范要求
幕墙构配件	（1）单元式幕墙应选择有代表性的单元构件进行检测。 （2）影响幕墙构配件质量的关键部位，如玻璃与铝合金框粘结的胶缝，除检测胶缝尺寸、胶的品种外，还应检查结构胶的各项试验报告和注胶记录，记录必须真实、齐全

单元式幕墙和构件式隐框、半隐框玻璃幕墙，不得在施工现场进行制作生产。

2. 建筑幕墙工程

（1）构件式玻璃幕墙

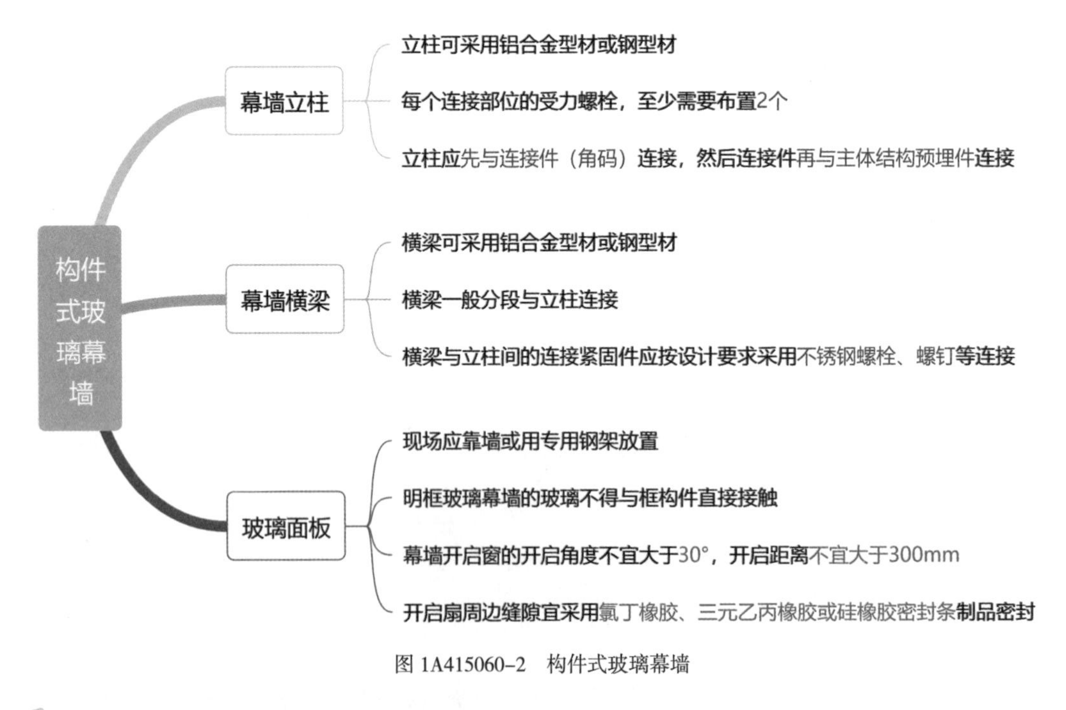

图 1A415060-2　构件式玻璃幕墙

本考点易以选择题的形式进行命题。

（2）全玻幕墙

◆吊挂玻璃下端与下槽底应留空隙，并采用弹性垫块支承或填塞。
◆槽壁与玻璃之间应采用硅酮建筑密封胶密封。
◆吊挂玻璃的夹具不得与玻璃直接接触。

（3）点支承玻璃幕墙

◆点支承玻璃幕墙是由玻璃面板、点支承装置和支承结构构成的玻璃幕墙。
◆它的支承结构形式有：玻璃肋支承、单根型钢或钢管支承、桁架支承及张拉杆索体系支承等。

（4）石材幕墙

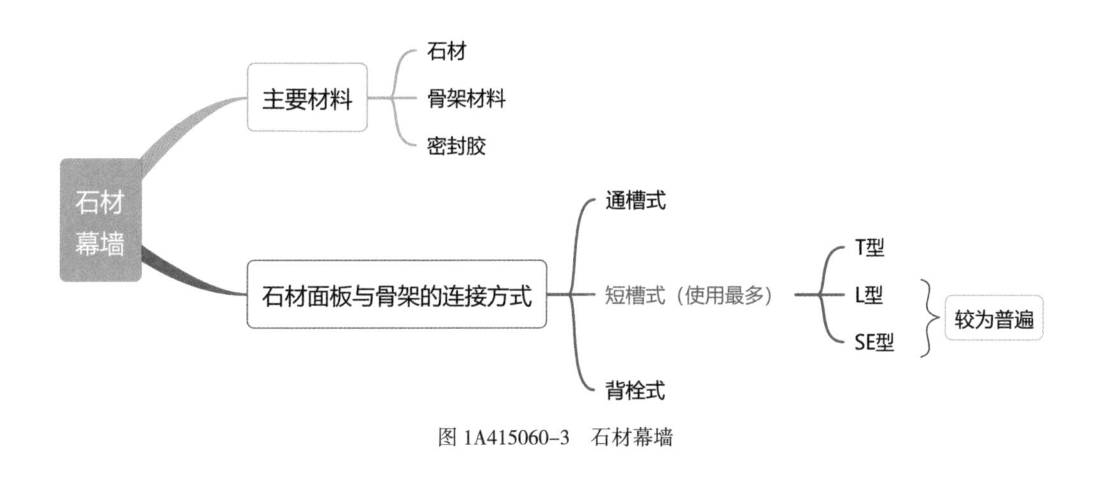

图 1A415060-3　石材幕墙

3. 建筑幕墙防火、防雷构造、成品保护和清洗的技术要求

建筑幕墙防火、防雷构造、成品保护和清洗的技术要求　　表 1A415060-9

项目	构造要求
防火	（1）幕墙与各层楼板、隔墙外沿间的缝隙，应采用不燃材料封堵，填充材料可采用岩棉或矿棉，其厚度不应小于 100mm。 （2）防火层应采用厚度不小于 1.5mm 的镀锌钢板承托，不得采用铝板。 （3）承托板与主体结构、幕墙结构及承托板之间的缝隙应采用防火密封胶密封。 （4）防火密封胶应有法定检测机构的防火检验报告
防雷	（1）幕墙的金属框架应与主体结构的防雷体系可靠连接。 （2）主体结构有水平均压环的楼层，对应导电通路的立柱预埋件或固定件应用圆钢或扁钢与均压环焊接连通，形成防雷通路。 （3）避雷接地一般每三层与均压环连接。 （4）兼有防雷功能的幕墙压顶板宜采用厚度不小于 3mm 的铝合金板制造。 （5）在有镀膜层的构件上进行防雷连接，应除去其镀膜层。 （6）防雷连接的钢构件在完成后都应进行防锈油漆。 （7）防雷构造连接均应进行隐蔽工程验收

（1）本考点考核频次较高，且单项选择题、多项选择题和案例题的形式都有涉及。

（2）本考点的命题方式举例如下：

1）关于建筑幕墙施工的说法，正确的是（　　）。

2）建筑幕墙的防雷做法正确的有（　　）。

3）关于建筑幕墙防火、防雷构造技术要求的说法，正确的有（　　）。

4）某事件中，建筑幕墙与各楼层楼板间的缝隙隔离的主要防火构造做法是什么？

（3）建筑幕墙防火构造要求如下图所示。

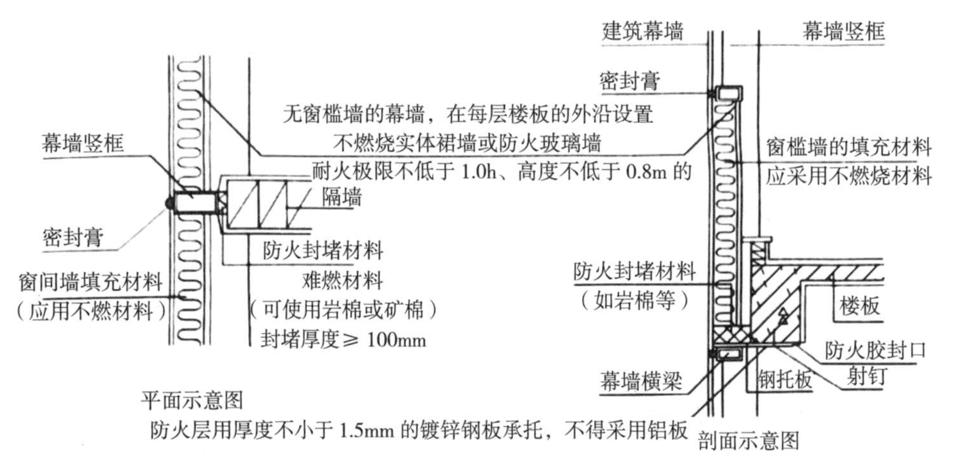

图 1A415060-4　建筑幕墙防火构造要求

（4）建筑幕墙的防雷构造要求如下图所示。

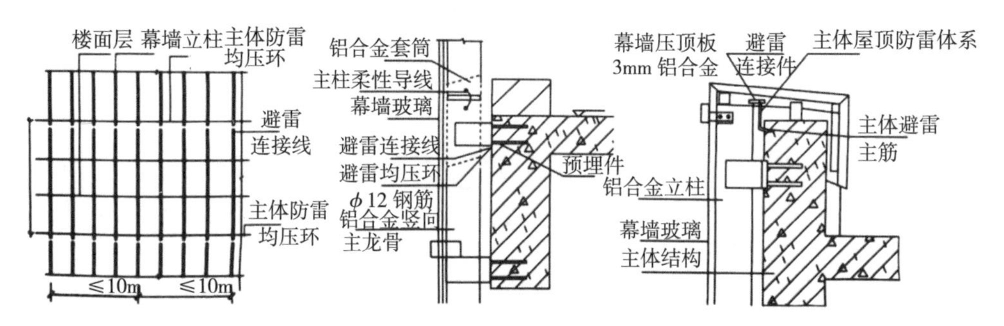

图 1A415060-5　建筑幕墙的防雷构造要求

【考点 6】节能工程施工（☆☆☆）[20 年单选，21 案例]

1. 保温层施工要点

◆当设计有隔汽层时，先施工隔汽层，然后再施工保温层。隔汽层四周应向上沿墙面连续铺设，并高出保温层表面不得小于 150mm。

◆块状材料保温层施工时，相邻板块应错缝拼接，分层铺设的板块上下层接缝应相互错开，板间缝隙应采用同类材料嵌填密实。铺贴方法有干铺法、粘贴法和机械固定法。

◆干铺的保温材料可在负温度下施工；用水泥砂浆粘贴的块状保温材料不宜低于 5℃。

◆喷涂硬泡聚氨酯宜为 15 ~ 35℃，空气相对湿度宜小于 85%，风速不宜大于三级。

◆现浇泡沫混凝土宜为 5 ~ 35℃；雨天、雪天、五级风以上的天气停止施工。

2. 倒置式屋面保温层要求

◆倒置式屋面基本构造自下而上宜由结构层、找坡层、找平层、防水层、保温层及保护层组成。
◆倒置式屋面坡度不宜大于 3%。当大于 3% 时，应在结构层采取防止防水层、保温层及保护层下滑的措施。坡度大于 10% 时，应在结构层上沿垂直于坡度方向设置防滑条。
◆保温层板材施工，坡度不大于 3% 的不上人屋面可采用干铺法，上人屋面宜采用粘结法；坡度大于 3% 的屋面应采用粘结法，并应采用固定防滑措施。

（1）本考点考核频次较高，且选择题和案例题的形式都有涉及，2020 年和 2021 年均对倒置式屋面基本构造进行了考核。
（2）本考点的命题方式举例如下：
1）倒置式屋面基本构造自下而上顺序正确的是（　　）。
2）工程采用倒置式屋面，屋面构造层包括防水层、保温层、找平层、找坡层、隔离层、结构层和保护层。倒置式屋面构造示意图如下所示。写出下图中屋面构造层 1 ~ 7 对应的名称。

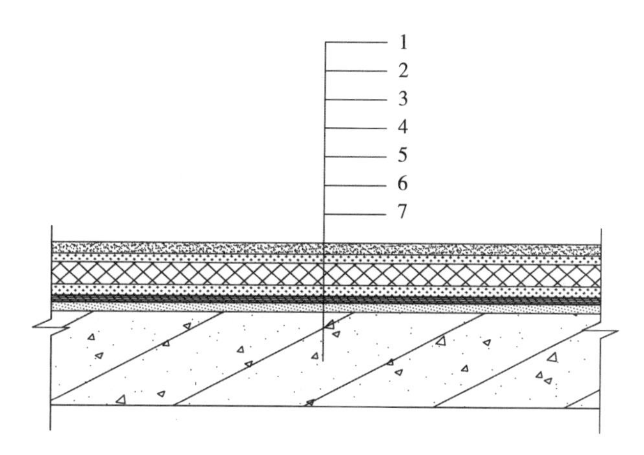

图 1A415060-6　倒置式屋面构造示意图

1A420000 建筑工程项目施工管理

1A421000 项目组织管理

1A421010 施工现场平面布置

【考点 1】施工平面图设计（☆☆☆☆☆）[13、15、18、21 年案例]

1. 施工总平面图设计要点

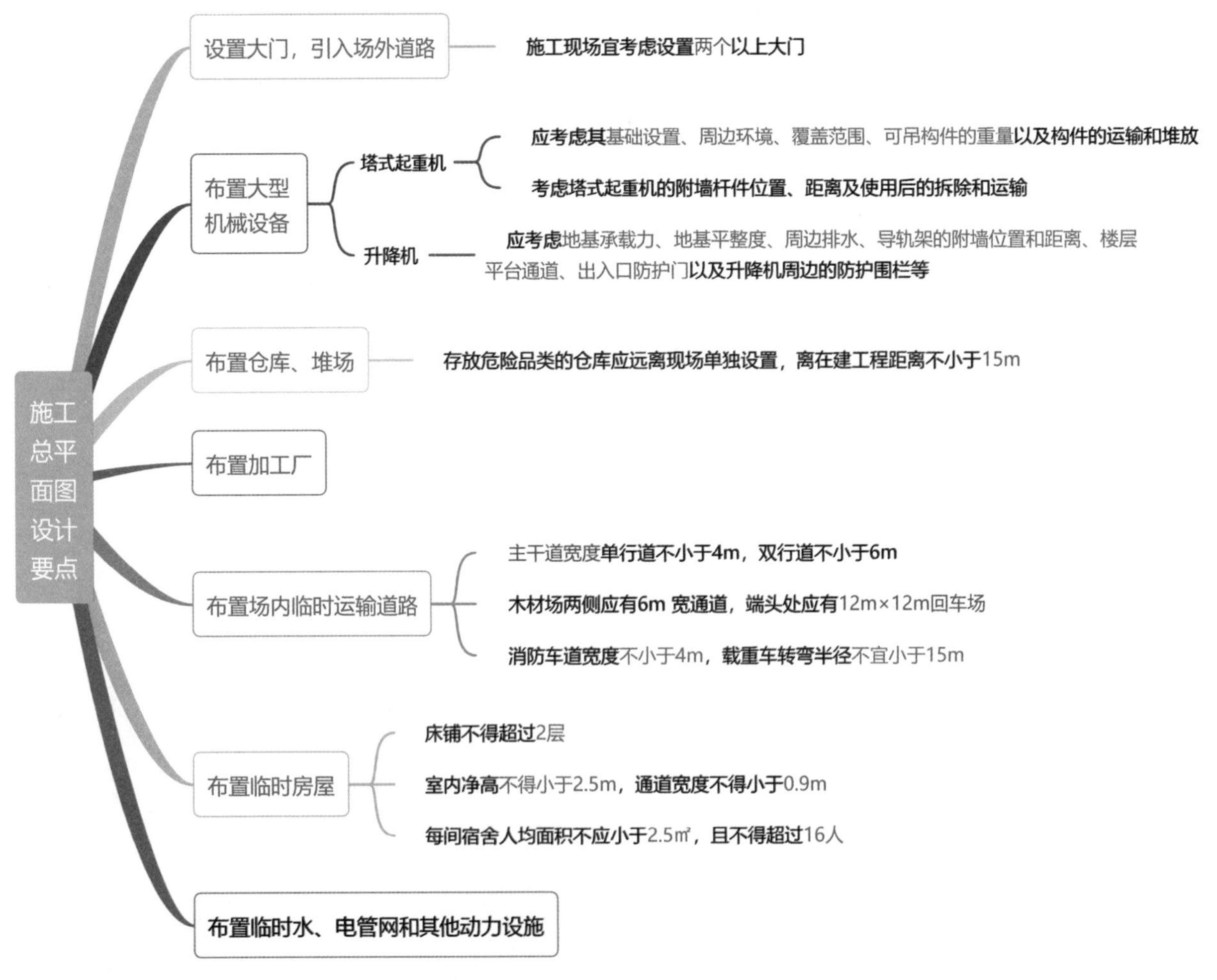

图 1A421010–1　施工总平面图设计要点

（1）本考点为高频考点，且均以案例题的形式进行考核。
（2）要注意上述涉及的数值，其在案例题中可能会给出错误数值，让考生找出不妥之处并进行更正。
（3）本考点案例分析题的命题方式举例如下：
1）施工总平面布置图设计要点还有哪些？布置施工升降机时，应考虑的条件和因素还有哪些？
2）针对某事件中施工总平面布置设计的不妥之处，分别写出正确做法。
3）背景资料中现场工人宿舍应如何整改？

2. 施工总平面图设计原则

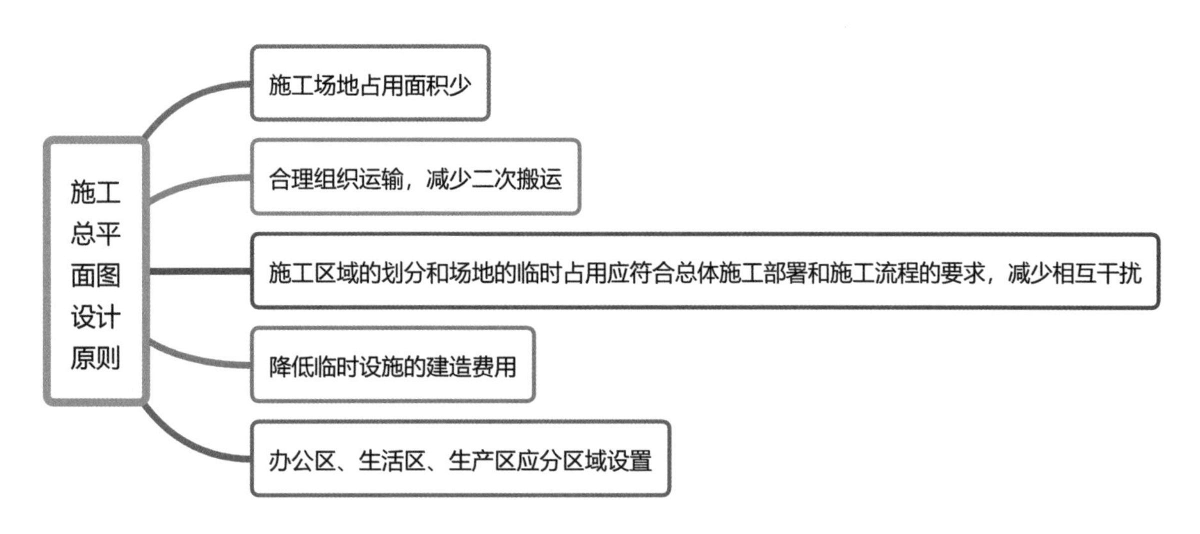

图 1A421010-2　施工总平面图设计原则

【考点 2】施工平面管理（☆☆☆☆）[13、15、18 年案例]

施工平面管理　表 1A421010-1

项目	内容
总体要求	满足施工需求、现场文明、安全有序、整洁卫生、不扰民、不损害公众利益、绿色环保
施工现场管理	（1）施工现场应实行封闭管理，并应采用硬质围挡。 （2）市区主要路段的施工现场围挡高度不应低于 2.5m，一般路段围挡高度不应低于 1.8m。 （3）距离交通路口 20m 范围内占据道路施工设置的围挡，其 0.8m 以上部分应采用通透性围挡，并应采取交通疏导和警示措施
出入口管理	（1）现场大门应设置门卫岗亭，车、人出入口分开，安排门卫人员 24h 值班，检查人员出入证、材料运输单等。 （2）在施工现场出入口还应标有企业名称或企业标识，主要出入口明显处应设置工程概况牌，大门内应有施工现场总平面图、安全管理、环境保护、绿色施工、消防保卫管理人员名单及监督电话等制度牌和宣传栏，车辆出入口处还应设置车辆冲洗设施
规范场容	（1）现场内沿临时道路设置畅通的排水系统。 （2）施工现场的主要道路及材料加工地面应进行硬化处理，如采取铺设混凝土、钢板、碎石等方法。裸露的场地和堆放的土方应采取覆盖、固化或绿化等措施。 （3）建筑垃圾应设定固定区域封闭管理并及时清运

（1）要注意上述涉及的数值，其在案例题中可能会给出错误数值，让考生找出不妥之处并进行更正。

（2）本考点是案例题的考核要点，命题方式可以是找出不妥之处，也可以是简答式的案例，或与其他知识点相结合进行综合性的考核。

（3）本考点案例分析题的命题方式举例如下：

1）指出施工总承包单位现场平面布置中的不妥之处，并说明正确做法。

2）施工现场主干道常用硬化方式有哪些？裸露场地的文明施工防护通常有哪些措施？

3）某事件中，施工现场入口还应设置哪些制度牌？

4）图中布置施工临时设施有：现场办公室，木工加工及堆场，钢筋加工及堆场，油漆库房，塔吊，施工电梯，物料提升机，混凝土地泵，大门及围墙，车辆冲洗池（图中未显示的设施均视为符合要求）。写出下图中临时设施编号所处位置最宜布置的临时设施名称（如⑨大门与围墙）。

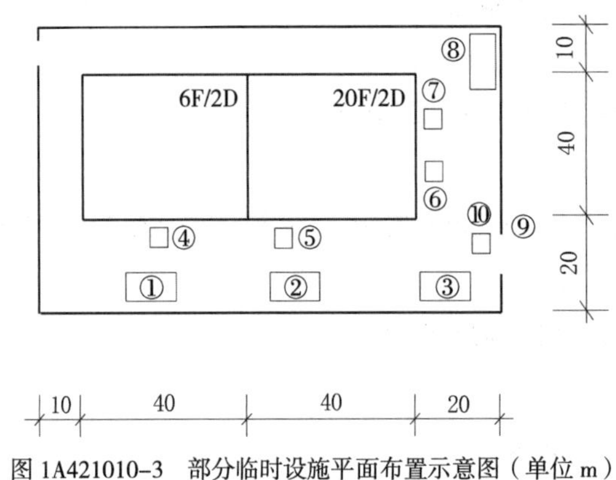

图 1A421010-3　部分临时设施平面布置示意图（单位 m）

1A421020 施工临时用电

【考点 1】临时用电管理（☆☆☆☆）[16、18 年单选，15、21 年案例]

1. 临时用电管理

临时用电管理　　表 1A421020-1

项目	内容
应编制用电组织设计的情形	施工现场临时用电设备在 5 台及以上或设备总容量在 50kW 及以上的
开关箱	用电设备必须有专用的开关箱，严禁 2 台及以上设备共用一个开关箱
临时用电组织设计的编制实施	临时用电组织设计及变更必须由电气工程技术人员编制，相关部门审核，并经具有法人资格企业的技术负责人或授权的技术人员批准，现场监理签认后实施
共同验收	临时用电工程必须经编制、审核、批准部门和使用单位共同验收，合格后方可投入使用
复查验收	临时用电工程定期检查应按分部、分项工程进行，对安全隐患必须及时处理，并应履行复查验收手续
灯具距地面距离	室外 220V 灯具距地面不得低于 3m，室内不得低于 2.5m
禁止	PE 线上严禁设开关或熔断器，严禁通过工作电流，且严禁断线

（1）安装、巡检、维修或拆除临时用电设备和线路，必须由电工完成，并应有人监护。

（2）本考点考核频次较高，且单项选择题和案例题的形式都有涉及，但以案例题的考核形式为主。

（3）本考点的命题方式举例如下：

1）关于施工现场临时用电管理的说法，正确的是（　　）。

2）规定，施工现场临时用电设备在 5 台及以上或设备总容量达到（　　）kW 及以上者，应编制用电组织设计。

3）根据背景材料写出《临时用电组织设计》内容与管理中不妥之处的正确做法。

4）针对事件中的不妥之处，分别写出正确做法。临时用电投入使用前，施工单位的哪些部门应参加验收？

2.《施工现场临时用电安全技术规范》JGJ 46—2005 的强制性条文

◆当采用专用变压器、TN-S 接零保护供电系统的施工现场，电气设备的金属外壳必须与保护零线连接。

◆ TN-S 系统中的保护零线除必须在配电室或总配电箱处做重复接地外，还必须在配电系统的中间处和末端处做重复接地。

◆配电柜应装设电源隔离开关及短路、过载、漏电保护电器。

◆配电箱的电器安装板上必须分设 N 线端子板和 PE 线端子板。

◆ N 线端子板必须与金属电器安装板绝缘；PE 线端子板必须与金属电器安装板做电气连接。

◆下列特殊场所应使用安全特低电压照明器：

（1）隧道、人防工程、高温、有导电灰尘、比较潮湿或灯具离地面高度低于 2.5m 等场所的照明，电源电压不应大于 36V；

（2）潮湿和易触及带电体场所的照明，电源电压不得大于 24V；

（3）特别潮湿场所、导电良好的地面、锅炉或金属容器内的照明，电源电压不得大于 12V。

【考点 2】配电线路布置（☆☆☆）[14、19 年单选]

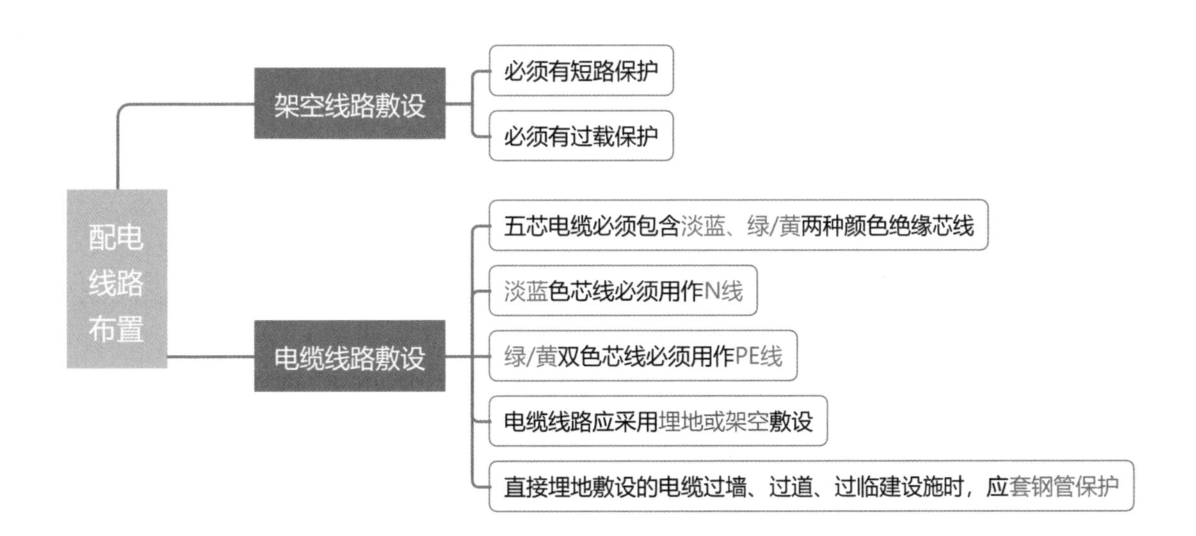

图 1A421020-1　配电线路布置

【考点 3】配电箱与开关箱的设置（☆☆☆☆）[20 年单选，13 年多选，17、21 年案例]

◆配电系统应采用配电柜或总配电箱、分配电箱、开关箱三级配电方式。
◆总配电箱应设在靠近进场电源的区域，分配电箱应设在用电设备或负荷相对集中的区域，分配电箱与开关箱的距离不得超过 30m，开关箱与其控制的固定式用电设备的水平距离不宜超过 3m。
◆每台用电设备必须有各自专用的开关箱，严禁用同一个开关箱直接控制两台及两台以上用电设备（含插座）。
◆固定式配电箱、开关箱的中心点与地面的垂直距离应为 1.4 ~ 1.6m。
◆移动式配电箱、开关箱应装设在坚固、稳定的支架上，其中心点与地面的垂直距离宜为 0.8 ~ 1.6m。
◆配电箱、开关箱的金属箱体、金属电器安装板以及电器正常不带电的金属底座、外壳等必须通过 PE 线端子板与 PE 线做电气连接，金属箱门与金属箱体必须做电气连接。

（1）要注意上述涉及“严禁”“必须”等限定词以及“数值”的掌握，其为易考点也是易错点。
（2）本考点考核频次较高，且单项选择题、多项选择题和案例题的形式都有涉及。
（3）本考点的命题方式举例如下：
1）关于施工现场配电系统设置的说法，正确的有（　　）。
2）写出 ×× 事件中不妥之处的正确做法。

1A421030 施工临时用水

【考点 1】临时用水管理（☆☆☆）[17 年多选，13 年案例]

临时用水管理　　表 1A421030-1

项目	内容
临时用水量	现场施工用水量、施工机械用水量、施工现场生活用水量、生活区生活用水量、消防用水量
供水设施	（1）管线穿路处均要套以铁管，并埋入地下 0.6m 处，以防重压。 （2）排水沟沿道路两侧布置，纵向坡度不小于 0.2%，过路处须设涵管，在山地建设时应有防洪设施。 （3）临时室外消防给水干管的直径不应小于 *DN*100，消火栓间距不应大于 120m；距拟建房屋不应小于 5m 且不宜大于 25m，距路边不宜大于 2m

【考点 2】临时用水管径计算（☆☆☆）[19 年单选，16 年案例]

◆供水管径是在计算总用水量的基础上按公式计算的。如果已知用水量，按规定设定水流速度，就可以计算出管径。计算公式如下：

$$d=\sqrt{\frac{4Q}{\pi\cdot v\cdot 1000}}$$

式中　d——配水管直径，m；
Q——耗水量，L/s；
v——管网中水流速度（1.5 ~ 2m/s）。

本考点的命题方式举例如下：

（1）某临时用水支管耗水量 Q=1.92L/s，管网水流速度 v=2m/s，则计算水管直径 d 为（　　）。

（2）施工用水管计算中，现场施工用水量（$q_1+q_2+q_3+q_4$）为 8.5L/s，管网水流速度 1.6m/s，漏水损失 10%，消防用水量按最小用水量计算。施工总用水量是多少（单位：L/s）？施工用水主管的计算管径是多少（单位 mm，保留两位小数）？

1A421040 环境保护与职业健康

【考点 1】绿色建筑与绿色施工（☆☆☆☆☆）
[17、20 年单选，13、15 年多选，13、17、18、19、20、21、22 年案例]

1. 绿色建筑评价标准

（1）绿色建筑评价分值

绿色建筑评价分值　　表 1A421040-1

	控制项基础分值	评价指标评分项满分值					提高与创新加分项满分值
		安全耐久	健康舒适	生活便利	资源节约	环境宜居	
预评价分值	400	100	100	70	200	100	100
评价分值	400	100	100	100	200	100	100

1）预评价时，“生活便利评分项”中“物业管理”、“提高与创新加分项”中“按照绿色施工的要求进行施工和管理”条不得分。

2）工程建设过程中“四节一环保”是指节能、节材、节水、节地和环境保护。

3）绿色建筑评价的总得分应按下式进行计算：

$$Q=(Q_0+Q_1+Q_2+Q_3+Q_4+Q_5+Q_A)/10$$

4）2019、2020 年以案例题的形式对此进行了连续性的考核，可见其重要程度。

5）本考点的考核形式中，选择题和案例分析题均有涉及，以案例题的形式为主，本考点的命题方式举例如下：

①绿色施工“四节一环保”中的“四节”指（　　）。

②绿色建筑运行评价指标体系中的指标共有几类？不参与设计评价的指标有哪些？绿色建筑评价各等级的评价总得分标准是多少分？

③列式计算 ×× 工程绿色建筑评价总得分 Q。

（2）绿色建筑等级划分

◆绿色建筑划分应为基本级、一星级、二星级、三星级 4 个等级。

◆当满足全部控制项要求时，绿色建筑等级应为基本级。

◆当总得分分别达到 60 分、70 分、85 分且应满足“一星级、二星级、三星级绿色建筑的技术要求”时，绿色建筑等级分别为一星级、二星级、三星级。

这是案例分析题很好的采分点，2019、2020 年对此均以案例题的形式进行了考核，但难度不大。

2. 绿色施工指标

（1）组织与管理

◆建设单位职责：应向施工单位提供建设工程绿色施工的设计文件、产品要求等相关资料，保证资料的真实性和完整性。
◆施工单位职责：施工单位应建立以项目经理为第一责任人的绿色施工管理体系，制定绿色施工管理制度、负责绿色施工的组织实施，进行绿色施工教育培训，定期开展自检、联检和评价工作。

（2）环境保护技术要点

◆确需夜间施工的，应办理夜间施工许可证明，并公告附近社区居民。
◆夜间室外照明灯应加设灯罩，透光方向集中在施工范围。电焊作业采取遮挡措施，避免电焊弧光外泄。
◆施工现场污水排放要与所在地县级以上人民政府市政管理部门签署污水排放许可协议，申领《临时排水许可证》。
◆施工现场的主要道路必须进行硬化处理，土方应集中堆放。
◆施工中需要停水、停电、封路而影响环境时，必须经有关部门批准，事先告示，并设有标志。

这是案例分析题很好的采分点。

（3）节材、节水、节能与资源利用技术要点

节材、节水、节能与资源利用技术要点　　表 1A421040-2

项目	技术要点
节材与材料资源利用	（1）推广使用商品混凝土和预拌砂浆、高强钢筋和高性能混凝土，减少资源消耗。 （2）采用非木质的新材料或人造板材代替木质板材。 （3）现场办公和生活用房采用周转式活动房
节水与水资源利用	（1）现场搅拌用水、养护用水应采取有效的节水措施，严禁无措施浇水养护混凝土。现场机具、设备、车辆冲洗用水必须设置循环用水装置。 （2）采用隔水性能好的边坡支护技术。 （3）现场机具、设备、车辆冲洗、喷洒路面、绿化浇灌等用水，优先采用非传统水源，尽量不使用市政自来水。 （4）力争施工中非传统水源和循环水的再利用量大于 30%
节能与能源利用的技术要点	（1）临时设施宜采用节能材料，墙体、屋面使用隔热性能好的材料，减少夏天空调、冬天取暖设备的使用时间及耗能量。 （2）临时用电优先选用节能电线和节能灯具，照明设计以满足最低照度为原则，照度不应超过最低照度的 20%。 （3）施工现场分别设定生产、生活、办公和施工设备的用电控制指标，定期进行计量、核算、对比分析，并有预防与纠正措施

这是多项选择题和案例分析题很好的采分点。

【考点 2】施工现场卫生与防疫（☆☆☆☆）[13、14、20、21 年案例]

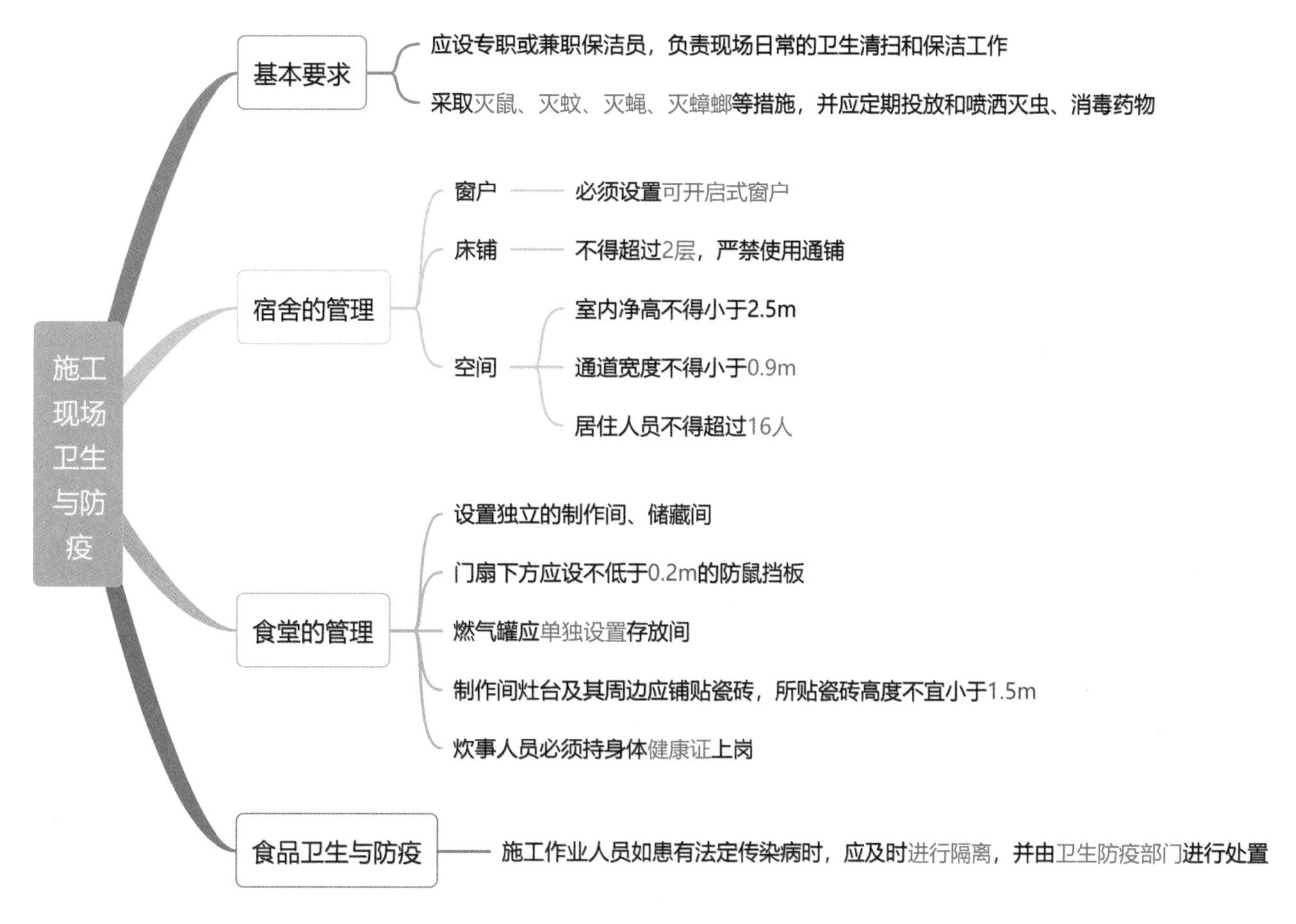

图 1A421040-1　施工现场卫生与防疫

（1）施工作业人员如发生法定传染病、食物中毒或急性职业中毒时，必须要在 2h 内向施工现场所在地建设行政主管部门和卫生防疫等部门进行报告，并应积极配合调查处理。

（2）炊事人员必须持身体健康证上岗，上岗应穿戴洁净的工作服、工作帽和口罩，应保持个人卫生，不得穿工作服出食堂，非炊事人员不得随意进入制作间。

（3）对上述要点数值的记忆也是得分的关键。

（4）本考点案例分析题的命题方式举例如下：

1）写出 ××《绿色施工专项方案》中不妥之处的正确做法。

2）施工人员患有法定传染病时，施工单位应对措施有哪些?

3）指出工人宿舍管理的不妥之处并改正。在炊事人员上岗期间，从个人卫生角度还有哪些具体管理规定?

4）指出食堂管理有哪些不妥之处并说明正确做法。

【考点 3】文明施工（☆☆☆☆☆）[16 年单选，13、14、18、21 年案例]

文明施工　　表 1A421040-3

项目	内容
现场文明施工管理的主要内容	（1）抓好项目文化建设。 （2）规范场容，保持作业环境整洁卫生。 （3）创造文明有序安全生产的条件。 （4）减少对居民和环境的不利影响
现场文明施工管理的控制要点	（1）大门内应设置施工现场总平面图和安全生产、消防保卫、环境保护、文明施工和管理人员名单及监督电话牌等制度牌。 （2）施工现场必须实施封闭管理，现场出入口应设门卫室，场地四周必须采用封闭围挡。 （3）在建工程内严禁住人。 （4）高层建筑要设置专用的消防水源和消防立管，每层留设消防水源接口。 （5）施工现场应设宣传栏、报刊栏，悬挂安全标语和安全警示标志牌，加强安全文明施工宣传

（1）本考点考核频次较高，且单项选择题和案例题的形式都有涉及，但以案例题的考核形式为主。

（2）本考点案例分析题的命题方式举例如下：

1）××事件中，现场文明施工还应包含哪些工作内容？

2）施工现场安全文明施工宣传方式有哪些？

3）××事件中，施工现场入口还应设置哪些制度牌？

【考点 4】建筑工程施工易发生的职业病类型（☆☆☆）[17 年单选，15 年多选]

建筑工程施工易发生的职业病类型　　表 1A421040-4

项目	举例
矽尘肺	碎石设备作业、爆破作业
水泥尘肺	水泥搬运、投料、拌合
电焊尘肺	手工电弧焊、气焊作业
锰及其化合物中毒	手工电弧焊作业
氮氧化物、一氧化碳中毒	手工电弧焊、电渣焊、气割、气焊作业
苯中毒	油漆作业、防腐作业
甲苯中毒、二甲苯中毒	油漆作业、防水作业、防腐作业
中暑	高温作业
手臂振动病	操作混凝土振动棒、风镐作业
接触性皮炎	混凝土搅拌机械作业、油漆作业、防腐作业
电光性皮炎、电光性眼炎	手工电弧焊、电渣焊、气割作业
噪声致聋	木工圆锯、平刨操作，无齿锯切割作业，卷扬机操作，混凝土振捣作业

本考点的命题方式主要有如下两类：
（1）建筑防水工程施工作业易发生的职业病是（ ）。
（2）混凝土振捣作业易发的职业病有（ ）。

1A421050 施工现场消防

【考点1】施工现场防火要求（☆☆☆）[20年单选，13、19年案例]

1. 建立防火制度

◆建立义务消防队，人数不少于施工总人数的10%。
◆建立现场动用明火审批制度。

2. 施工现场动火等级的划分及动火审批程序

施工现场动火等级的划分　表1A421050-1

一级动火	二级动火	三级动火
（1）禁火区域内。 （2）油罐、油箱、油槽车和储存过可燃气体、易燃液体的容器及与其连接在一起的辅助设备。 （3）各种受压设备。 （4）危险性较大的登高焊、割作业。 （5）比较密封的室内、容器内、地下室等场所。 （6）现场堆有大量可燃和易燃物质的场所	（1）在具有一定危险因素的非禁火区域内进行临时焊、割等用火作业。 （2）小型油箱等容器。 （3）登高焊、割等用火作业	在非固定的、无明显危险因素的场所进行用火作业

施工现场动火审批程序可结合下图进行简化记忆。

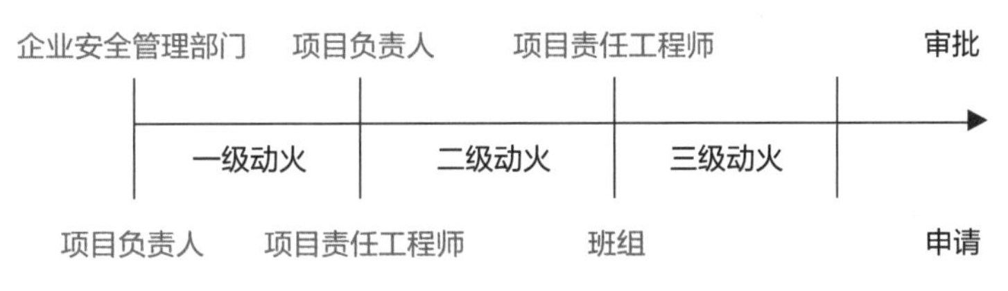

图1A421050-1　施工现场动火审批程序

3. 施工现场防火要求

◆危险物品与易燃易爆品的堆放距离不得小于30m。
◆乙炔瓶和氧气瓶使用时距离不得小于5m；距火源的距离不得小于10m。

【考点 2】施工现场消防管理（☆☆☆☆）[15 年多选，13、14、17、19 年案例]

1. 施工期间的消防管理

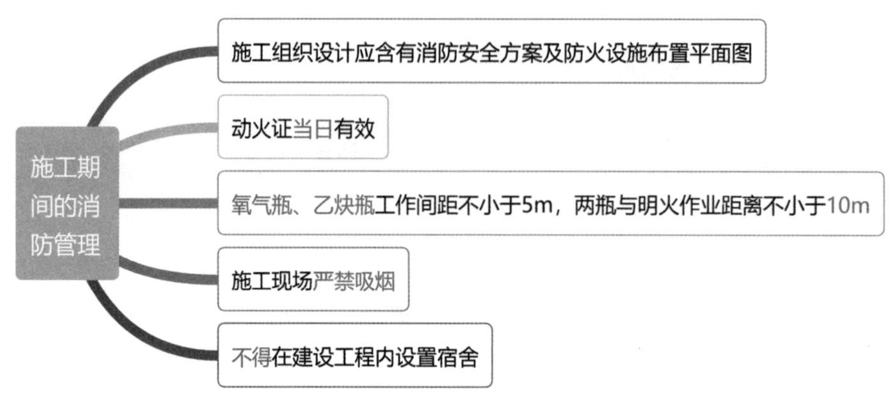

图 1A421050–2　施工期间的消防管理

2. 消防器材的配备

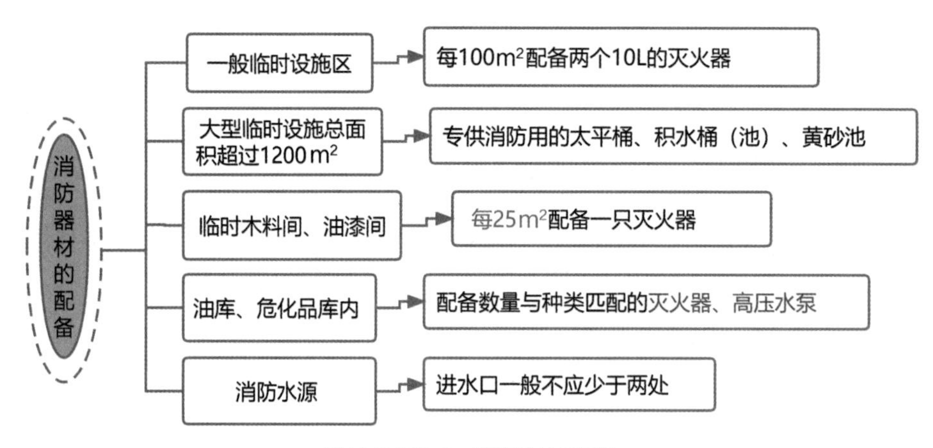

图 1A421050–3　消防器材的配备

3. 灭火器设置要求

◆设置在明显的位置。

◆铭牌必须朝外。

◆手提式灭火器设置在挂钩、托架上或消防箱内，其顶部离地面高度应小于 1.50m，底部离地面高度不宜小于 0.15m。

◆对设置于消防箱内的手提式灭火器，可直接放在消防箱的底面上，但消防箱离地面的高度不宜小于 0.15m。

4. 重点部位的防火要求

重点部位的防火要求 表 1A421050-2

场所	防火要求
存放易燃材料的仓库	（1）仓库或堆料场内电缆一般应埋入地下；若有困难需设置架空电力线时，架空电力线与露天易燃物堆垛的最小水平距离，不应小于电杆高度的 1.5 倍。 （2）仓库或堆料场所使用的照明灯具与易燃堆垛间至少应保持 1m 的距离。 （3）安装的开关箱、接线盒，应距离堆垛外缘不小于 1.5m。 （4）仓库或堆料场严禁使用碘钨灯
电、气焊作业的场所	（1）焊、割作业点与氧气瓶、乙炔瓶等危险物品的距离不得小于 10m，与易燃易爆物品的距离不得少于 30m。 （2）乙炔瓶和氧气瓶使用时两者的距离不得小于 5m。距火源的距离不得小于 10m。 （3）氧气瓶、乙炔瓶等焊割设备上的安全附件应完整而有效，否则严禁使用

（1）要注意上述涉及"严谨""不得""至少"等的限定词与"数值"，该类考点多为易错点。
（2）本考点的命题方式可以是给出背景资料，找出不妥之处并写出正确做法。也可以是根据某一示意图找出不妥之处，识图题型举例如下：

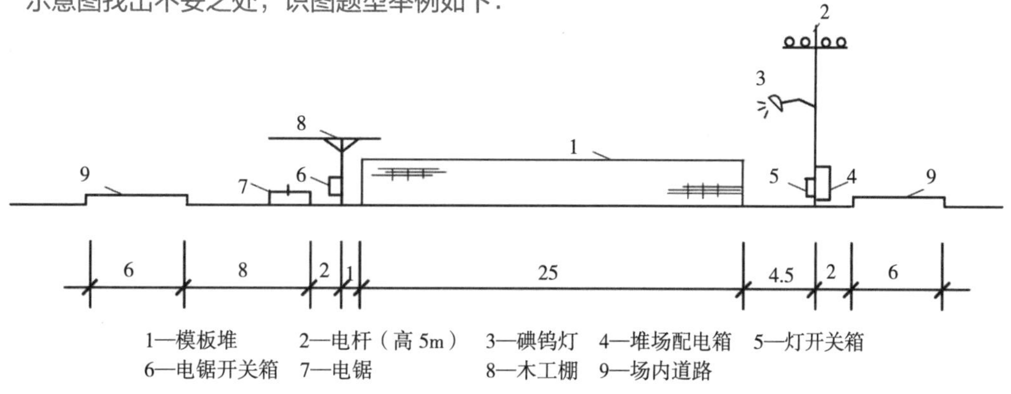

图 1A421050-4 木工堆场临时用电布置剖面示意图（单位：m）

指出图中措施做法的不妥之处。

1A421060 技术应用管理

【考点 1】施工试验与检验管理（☆☆☆☆）[19 年多选，18、21 年案例]

1. 施工检测试验计划

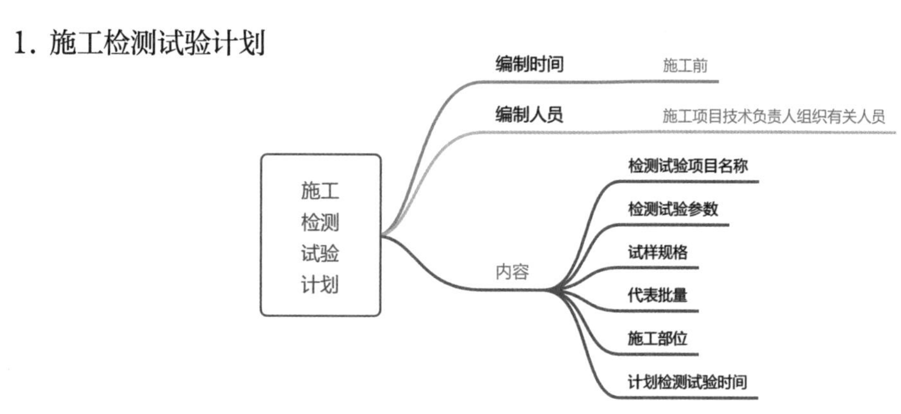

图 1A421060-1 施工检测试验计划

2. 施工过程质量检测试验

施工过程质量检测试验主要内容　　表 1A421060-1

类别	检测试验项目	主要检测试验参数	备 注
土方回填	土工击实	最大干密度	
		最优含水量	
	压实程度	压实系数	
地基与基础	换填地基	压实系数或承载力	
	加固地基、复合地基	承载力	
	桩基	承载力	
		桩身完整性	钢桩除外
基坑支护	土钉墙	土钉抗拔力	
	水泥土墙	墙身完整性	
		墙体强度	设计有要求时
	锚杆、锚索	锁定力	
钢筋连接	机械连接现场检验	抗拉强度	
	钢筋焊接工艺检验、闪光对焊、气压焊	抗拉强度	
		弯曲	适用于闪光对焊、气压焊接头，适用于气压焊水平连接筋
	电弧焊、电渣压力焊、预埋件钢筋 T 形接头	抗拉强度	
	网片焊接	抗剪力	热轧带肋钢筋
		抗拉强度	冷轧带肋钢筋
		抗剪力	
混凝土	配合比设计	工作性、强度等级	
	混凝土性能	标准养护试件强度	强度等级不小于 C60 时，宜采用标准试件
		同条件试件强度	冬期施工或根据施工需要留置
		同条件转标养强度	
		抗渗性能	有抗渗要求时
建筑节能	围护结构现场实体检验	外墙节能构造	
		外窗气密性能	
	设备系统节能性能检验	（略）	

（1）施工过程质量检测试验应依据施工流水段划分、工程量、施工环境及质量控制的需要确定抽检频次。

（2）这是多项选择题和案例分析题很好的采分点。

3. 见证与送样

◆需要见证检测的检测项目，施工单位应在取样及送检前通知见证人员。
◆见证人员发生变化时，监理单位应通知相关单位，办理书面变更手续。
◆见证人员应对见证取样和送检的全过程进行见证并填写见证记录。

【考点 2】季节性施工技术管理（☆☆☆☆☆）[21、22 年单选，16、17、20 年多选，19 年案例]

1. 冬期施工技术管理

冬期施工技术管理　　表 1A421060-2

项目	内容
混凝土工程	冬期施工配制混凝土宜选用硅酸盐水泥或普通硅酸盐水泥。采用蒸汽养护时，宜选用矿渣硅酸盐水泥。 在混凝土养护和越冬期间，不得直接对负温混凝土表面浇水养护
防水工程	（1）混凝土入模温度不应低于 5℃； （2）混凝土养护宜采用蓄热法、综合蓄热法、暖棚法、掺化学外加剂等方法。 （3）应采取保湿保温措施。大体积防水混凝土的中心温度与表面温度的差值不应大 25℃，表面温度与大气温度的差值不应大于 20℃，温降梯度不宜大于 2℃ /d，且不应大于 3℃ /d，养护时间不应少于 14d
屋面保温工程施工	（1）干铺的保温层可在负温下施工。 （2）采用沥青胶结的保温层应在气温不低于 -10℃时施工。 （3）采用水泥、石灰或其他胶结料胶结的保温层应在气温不低于 5℃时施工

2. 高温天气施工技术管理

高温天气施工技术管理　　表 1A421060-3

项目	内容
砌体工程	现场拌制的砂浆应随拌随用
混凝土工程	（1）当日平均气温达到 30℃及以上时，应按高温施工要求采取措施。 （2）混凝土坍落度不宜小于 70mm。 （3）混凝土浇筑入模温度不应高于 35℃
钢结构工程	（1）钢构件预拼装宜按照钢结构安装状态进行定位，并应考虑预拼装与安装时的温差变形。 （2）涂装环境温度和相对湿度应符合涂料产品说明书的要求，产品说明书无要求时，环境温度不宜高于 38℃，相对湿度不应大于 85%
防水工程	（1）大体积防水混凝土炎热季节施工时，应采取降低原材料温度、减少混凝土运输时吸收外界热量等降温措施，入模温度不应大于 30℃。 （2）防水材料应随用随配，配制好的混合料宜在 2h 内用完
建筑装饰装修工程	抹灰、粘贴饰面砖、打密封胶等粘结工艺施工，环境温度不宜高于 35℃，并避免烈日暴晒

本考点以多项选择题的考核形式为主，考核形式多为：关于 ×× 的说法正确的是（　　）。

【考点 3】建筑信息模型（BIM）应用（☆☆☆）[18、21 年多选]

◆模型元素信息包括的内容有：尺寸、定位、空间拓扑关系等几何信息；名称、规格型号、材料和材质、生产厂商、功能与性能技术参数，以及系统类型、施工段、施工方式、工程逻辑关系等非几何信息。

◆ BIM 模型质量控制措施有：模型与工程项目的符合性检查；不同模型元素之间的相互关系检查；模型与相应标准规定的符合性检查；模型信息的准确性和完整性检查。

1A422000 项目施工进度管理

1A422010 施工进度控制方法

【考点 1】流水施工方法（☆☆☆☆☆）[13、14、15 年单选，14 年多选，13、19、21 年案例]

1. 流水施工参数

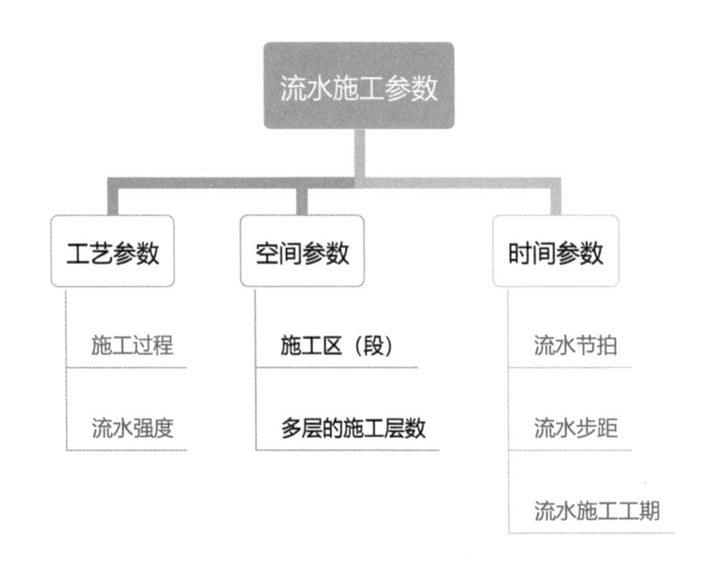

图 1A422010–1　流水施工参数

（1）工程施工组织实施的方式分三种：依次施工、平行施工、流水施工。

（2）本考点单选题、多选题和案例题的形式都有涉及。本考点的命题方式举例如下：

1）下列参数中，属于流水施工参数的有（　　）。

2）下列流水施工参数中，不属于时间参数的是（　　）。

3）工程施工组织方式有哪些？组织流水施工时，应考虑的工艺参数和时间参数分别包括哪些内容？

2. 流水施工的基本组织形式

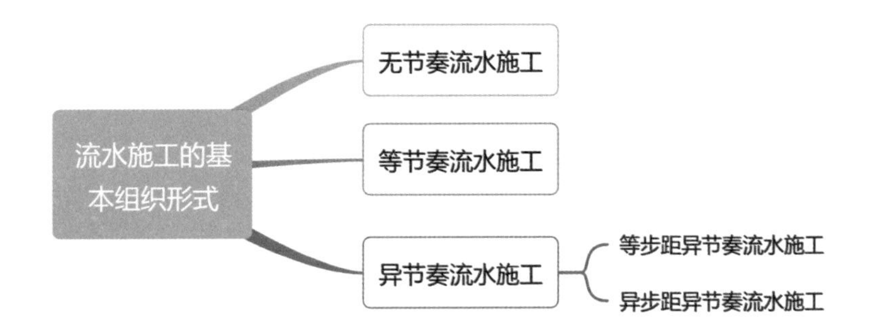

图 1A422010-2 流水施工的基本组织形式

学习本考点要能区分各组织形式的特点。其多以选择题的形式进行考核。

【考点 2】网络计划技术的应用（☆☆☆）[21、22 年案例]

1. 网络计划时差、关键工作与关键线路

网络计划时差、关键工作与关键线路　　表 1A422010-1

项目	内容	
时差	总时差	在不影响总工期的前提下，本工作可以利用的机动时间
	自由时差	在不影响其所有紧后工作最早开始的前提下，本工作可以利用的机动时间
关键工作	网络计划中总时差最小的工作。 在双代号时标网络图上，没有波形线的工作即为关键工作	
关键线路	全部由关键工作所组成的线路就是关键线路。 关键线路的工期即为网络计划的计算工期	

（1）这是案例分析题很好的采分点。常与工期等知识点进行综合性的考核。

（2）快速计算总时差的方法——取最小值法。

1）一找——找出经过该工作的所有线路。注意一定要找全，如果找不全，可能会出现错误。

2）一加——计算各条线路中所有工作的持续时间之和。

3）一减——分别用计算工期减去各条线路的持续时间之和。

4）取小——取相减后的最小值就是该工作的总时差。

（3）关键线路的确定经常会在案例分析题中考核。判断关键线路，求工期是常考问题。要特别注意一点：看清问题，是用工作表示关键线路，还是用节点编号来表示。

（4）本考点案例分析题的命题方式举例如下：

1）给出某一网络图，让考生画出调整后的工程网络计划图，并写出关键线路。调整后的总工期是多少个月？

2）网络图的逻辑关系包括什么？网络图中虚工作的作用是什么？

3）根据背景资料在答题纸上绘制正确的双代号网络计划图。

2. 网络计划优化的种类

◆工期优化。
◆费用优化。
◆资源优化。

1A422020 施工进度计划

【考点 1】施工进度计划编制（☆☆☆）[15、18、20 年案例]

1. 施工进度计划的分类

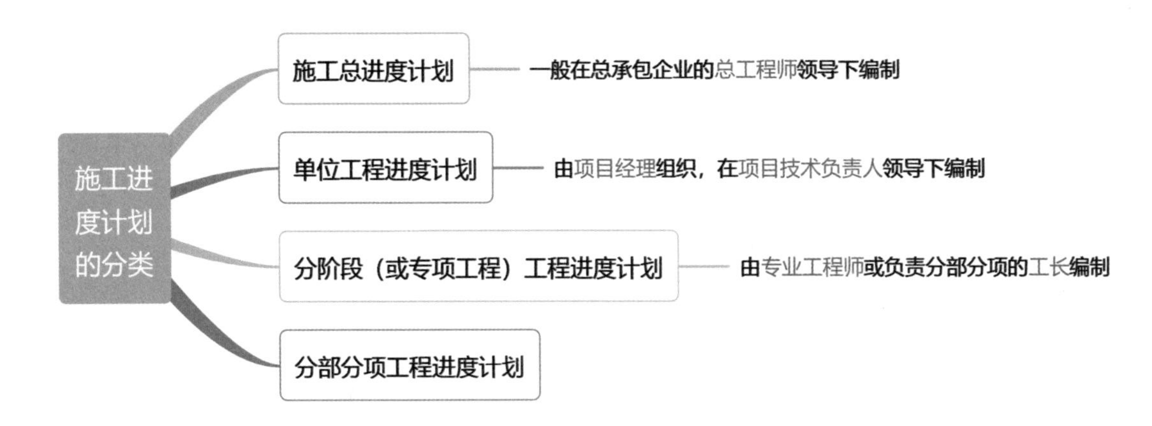

图 1A422020–1 施工进度计划的分类

本考点案例分析题的命题方式举例：指出背景资料中施工进度计划编制中的不妥之处。

2. 施工进度计划的内容

◆施工总进度计划的内容应包括：编制说明，施工总进度计划表（图），分期（分批）实施工程的开、竣工日期及工期一览表，资源需要量及供应平衡表等。
◆编制说明的内容包括：编制的依据，假设条件，指标说明，实施重点和难点，风险估计及应对措施等。

本考点案例分析题的命题方式举例如下：
（1）某事件中，施工单位对施工总进度计划还需补充哪些内容？
（2）某事件中，施工总进度计划编制说明还包含哪些内容？

3. 施工进度计划的编制步骤

施工进度计划的编制步骤　　表 1A422020-1

施工总进度计划的编制步骤	单位工程进度计划的编制步骤
（1）根据独立交工系统的先后顺序，明确划分建设工程项目的施工阶段；按照施工部署要求，合理确定各阶段各个单项工程的开、竣工日期。 （2）分解单项工程。 （3）计算每个单项工程、单位工程和分部工程的工程量。 （4）确定单项工程、单位工程和分部工程的持续时间。 （5）编制初始施工总进度计划。 （6）绘制正式施工总进度计划图	（1）收集编制依据。 （2）划分施工过程、施工段和施工层。 （3）确定施工顺序。 （4）计算工程量。 （5）计算劳动量或机械台班需用量。 （6）确定持续时间。 （7）绘制可行的施工进度计划图。 （8）优化并绘制正式施工进度计划图

【考点 2】施工进度控制（☆☆☆☆）[14、19、20、21 年案例]

1. 施工进度控制程序

施工进度控制程序　　表 1A422020-2

事前控制	事中控制	事后控制
（1）编制项目实施总进度计划，确定工期目标。 （2）将总目标分解为分目标，制定相应细部计划。 （3）制定完成计划的相应施工方案和保障措施	（1）检查工程进度。 （2）进行工程进度的动态管理	（1）制定保证总工期不突破的对策措施。 （2）制定总工期突破后的补救措施。 （3）调整相应的施工计划，并组织协调相应的配套设施和保障措施

2. 施工进度计划实施监测的方法

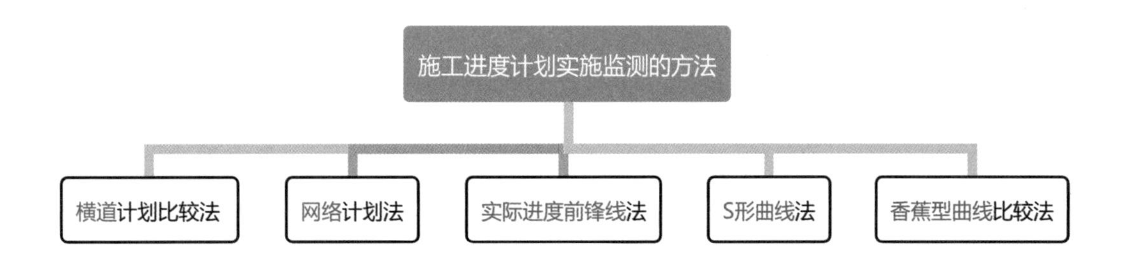

图 1A422020-2　施工进度计划实施监测的方法

1A423000 项目施工质量管理

1A423010 项目质量计划管理

【考点 1】项目质量计划编制要求（☆☆☆）[19 年案例]

◆项目质量计划应高于且不低于通用质量体系文件所规定的要求。

◆项目质量计划应由项目经理组织编写，须报企业相关管理部门批准并得到发包方和监理方认可后实施。

◆工程质量计划中应在下列部位和环节设置质量控制点：

1）影响施工质量的关键部位、关键环节；

2）影响结构安全和使用功能的关键部位、关键环节；

3）采用新技术、新工艺、新材料、新设备的部位和环节；

4）隐蔽工程验收。

本考点案例分析题的命题方式举例如下：

（1）根据背景资料指出项目质量计划书编、审、批和确认手续的不妥之处。

（2）工程质量计划中应在哪些部位和环节设置质量控制点？

【考点 2】施工过程中的质量管理记录（☆☆☆）[17、19 年案例]

◆施工日记和专项施工记录。

◆交底记录。

◆上岗培训记录和岗位资格证明。

◆使用机具和检验、测量及试验设备的管理记录。

◆图纸、变更设计接收和发放的有关记录。

◆监督检查和整改、复查记录。

◆质量管理相关文件。

◆工程项目质量管理策划结果中规定的其他记录。

本考点案例分析题的命题方式举例如下：

（1）根据背景资料判断质量计划中管理记录还应该包含哪些内容？

（2）质量计划应用中，施工单位应建立的质量管理记录还有哪些？

1A423020 项目材料质量管理

【考点】项目材料质量管理（☆☆☆）[17 年单选，13、20 年案例]

1. 复试材料的取样

◆项目应实行见证取样和送检制度。即在建设单位或监理工程师的见证下，由项目试验员在现场取样后送至试验室进行试验。
◆送检的检测试样，必须从进场材料中随机抽取，严禁在现场外抽取。

2. 主要材料复试内容及要求

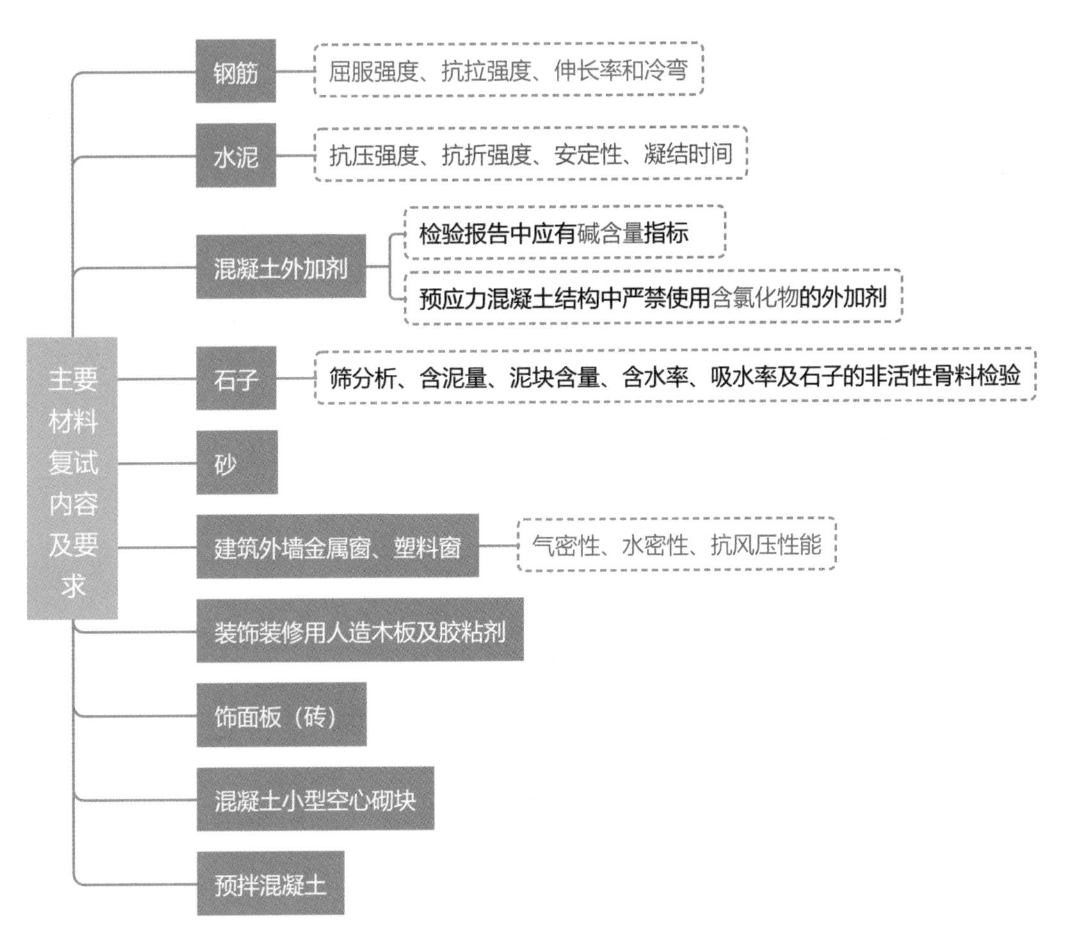

图 1A423020-1 主要材料复试内容及要求

3. 建筑材料质量控制

建筑材料质量控制　　表 1A423020-1

项目	内容
质量控制的主要过程	材料的采购、材料进场试验检验、过程保管和材料使用
材料试验检验	（1）质量验证包括材料品种、型号、规格、数量、外观检查和见证取样。 （2）验证结果记录后报监理工程师审批备案。 （3）对于项目采购的物资，业主的验证不能代替项目对所采购物资的质量责任，而业主采购的物资，项目的验证也不能取代业主对其采购物资的质量责任

1A423030 项目施工质量检查与检验

【考点 1】防水工程施工完成后的检查与检验（☆☆☆）[21 年案例]

防水工程施工完成后的检查与检验　　表 1A423030-1

防水工程	内容
地下防水	检查标识好的“背水内表面的结构工程展开图”，核对地下防水渗漏情况，检验地下防水工程整体施工质量
屋面防水	防水层完工后，应在雨后或持续淋水 2h 后（有可能作蓄水试验的屋面，其蓄水时间不应少于 24h），检查屋面有无渗漏、积水和排水系统是否畅通
厨房、厕浴间防水	（1）厨房、厕浴间防水层完成后，应做 24h 蓄水试验，确认无渗漏时再做保护层和面层。 （2）设备与饰面层施工完后还应在其上继续做第二次 24h 蓄水试验，达到最终无渗漏和排水畅通为合格，方可进行正式验收。 （3）墙面间歇淋水试验应达到 30min 以上不渗漏

重点掌握上述涉及时间的要点，案例分析题中易进行简单式的提问，如：屋面防水层淋水、蓄水试验持续时间各是多少小时?

【考点 2】装饰装修工程质量检查与检验（☆☆☆）[22 年案例]

装饰装修工程质量检查与检验　　表 1A423030-2

阶段	质量管理
设计阶段	（1）装饰设计单位负责设计阶段的质量管理。 （2）当涉及主体和承重结构改动或增加荷载时，必须由原结构设计单位或具备相应资质的设计单位核查有关原始资料，对既有建筑结构的安全性进行核验、确认
施工阶段	（1）装饰施工单位负责施工过程的质量管理。 （2）施工人员应认真做好质量自检、互检及工序交接检查，做好记录，记录数据要做到真实、全面、及时。 （3）确立图纸“三交底”的施工准备工作：施工主管向施工工长做详细的图纸工艺要求、质量要求交底；工序开始前工长向班组长做详尽的图纸、施工方法、质量标准交底；作业开始前班长向班组成员做具体的操作方法、工具使用、质量要求的详细交底，务求每位施工工人对其作业的工程项目了然于胸

22年案例分析题对此考点的提问形式：装饰工程图纸“三交底”是什么（如：工长向班组长交底）？工程施工质量管理“三检制”指什么？

1A423040 工程质量问题防治

【考点1】质量问题分类（☆☆☆）[16年案例]

质量问题分类：工程质量缺陷；工程质量通病；工程质量事故。

工程质量事故的分类 表 1A423040-1

等级	死亡/人	重伤/人	直接经济损失
特别重大	人≥30	人≥100	损失≥1亿元
重大	10≤人<30	50≤人<100	5000万元≤损失<1亿元
较大	3≤人<10	10≤人<50	1000万元≤损失<5000万元
一般	人<3	人<10	损失<1000万元

（1）教材中所称的“以上”包括本数，所称的“以下”不包括本数，是特别要提示考生注意的地方，在此处用≥、<和≤能更直观的提示考生注意，且方便记忆。

（2）四个事故等级中，一般事故、较大事故等级考核的概率最大，且命题方式相对固定，通常给出伤亡人数和直接经济损失来分析判断属于哪一等级。

【考点2】工程质量问题的报告（☆☆☆）[16年案例]

1. 工程质量问题发生后的报告时限及要求

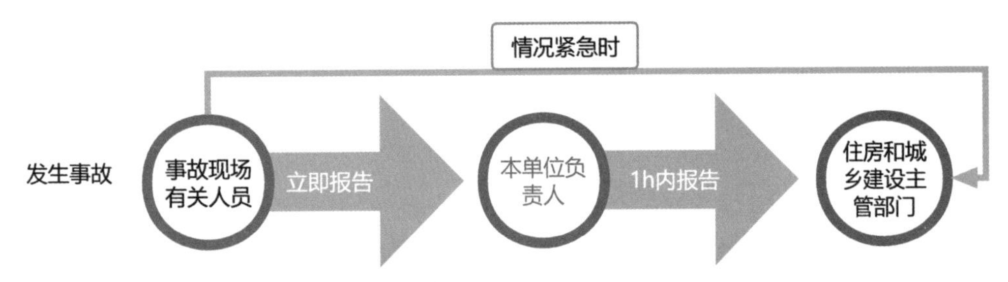

图 1A423040-1 工程质量问题发生后的报告时限及要求

（1）住房和城乡建设主管部门接到事故报告后，应当依照下列规定上报事故情况，并同时通知公安、监察机关等有关部门：

1）较大、重大及特别重大事故逐级上报至国务院住房和城乡建设主管部门，一般事故逐级上报至省级人民政府住房和城乡建设主管部门，必要时可以越级上报事故情况。

2）住房和城乡建设主管部门逐级上报事故情况时，每级上报时间不得超过 2h。

3）事故报告后出现新情况，以及事故发生之日起 30d 内伤亡人数发生变化的，应当及时补报。

（2）本考点的命题方式易为：根据背景资料指出事故上报的不妥之处并写出正确做法。

2. 事故报告的内容

◆事故发生的时间、地点、工程项目名称、工程各参建单位名称。
◆事故发生的简要经过、伤亡人数（包括下落不明的人数）和初步估计的直接经济损失。
◆事故的初步原因。
◆事故发生后采取的措施及事故控制情况。
◆事故报告单位、联系人及联系方式。
◆其他应当报告的情况。

本考点的命题方式易为：根据背景资料查漏补缺，如质量事故报告还应包括哪些内容？

【考点 3】主体结构工程质量通病防治（☆☆☆☆）[16 年单选，13、19、21、22 年案例]

1. 混凝土表面缺陷的现象

◆拆模后混凝土表面出现麻面、露筋、蜂窝、孔洞等。

2. 混凝土收缩裂缝

混凝土收缩裂缝　　表 1A423040-2

项目	内容
现象	有塑态收缩、沉陷收缩、干燥收缩、碳化收缩、凝结收缩等收缩裂缝
原因	（1）混凝土原材料质量不合格，如骨料含泥量大等。 （2）水泥或掺合料用量超出规范规定。 （3）混凝土水胶比、坍落度偏大，和易性差。 （4）混凝土浇筑振捣差，养护不及时或养护差

续表

项目	内容
防治措施	（1）选用合格的原材料。 （2）根据现场情况、图纸设计和规范要求，由有资质的试验室配制合适的混凝土配合比，并确保搅拌质量。 （3）确保混凝土浇筑振捣密实，并在初凝前进行二次抹压。 （4）确保混凝土及时养护，并保证养护质量满足要求

本考点为案例分析题的考核要点。

3. 砌体工程中主要质量问题防治

砌体工程中主要质量问题防治　　表 1A423040-3

问题	现象	防治措施
因地基不均匀下沉引起的墙体裂缝	（1）在纵墙的两端出现斜裂缝，多数裂缝通过窗口的两个对角，裂缝向沉降较大的方向倾斜，并由下向上发展。 （2）在窗间墙的上下对角处成对出现水平裂缝，沉降大的一边裂缝在下，沉降小的一边裂缝在上。 （3）在纵墙中央的顶部和底部窗台处出现竖向裂缝，裂缝上宽下窄	（1）加强基础坑（槽）钎探工作。 （2）合理设置沉降缝。 （3）提高上部结构的刚度，增强墙体抗剪强度。 （4）宽大窗口下部应考虑设混凝土梁或砌反砖拱以适应窗台反梁作用的变形，防止窗台处产生竖直裂缝
填充墙砌筑不当，与主体结构交接处裂缝	框架梁底、柱边出现裂缝	（1）柱边（框架柱或构造柱）应设置间距不大于 500mm 的 $2\phi6$ 钢筋，且应在砌体内锚固长度不小于 1000mm 的拉结筋。 （2）填充墙梁下口最后 3 皮砖应在下部墙砌完 14d 后砌筑。 （3）外窗下为空心砖墙时，若设计无要求，应将窗台改为不低于 C10 的细石混凝土，其长度大于窗边 100mm，并在细石混凝土内加 $2\phi6$ 钢筋

【考点 4】节能工程质量通病防治（☆☆☆）[15、17 年案例]

1. 技术与管理

◆建筑节能工程采用的新技术、新设备、新材料、新工艺，应按照有关规定进行评审、鉴定及备案。
◆施工前应对新的或首次采用的施工工艺进行评价，并制定专门的施工技术方案。
◆单位工程的施工组织设计应包括建筑节能工程施工内容。
◆建筑节能工程施工前，施工单位应编制建筑节能工程施工方案并经监理（建设）单位审查批准。

2. 墙体保温材料的控制要点

◆对其检验时应核查质量证明文件及进场复验报告（复验应为见证取样送检）。
◆对保温材料的导热系数、密度、抗压强度或压缩强度，粘结材料的粘结强度，增强网的力学性能、抗腐蚀性能等进行复验。

本考点案例分析题的命题方式举例：外墙保温、粘结和增强材料复验项目有哪些?

1A424000 项目施工安全管理

1A424010 工程安全生产管理计划

【考点1】施工安全管理内容（☆☆☆）[14、18、22年案例]

1. 建筑施工安全管理制度

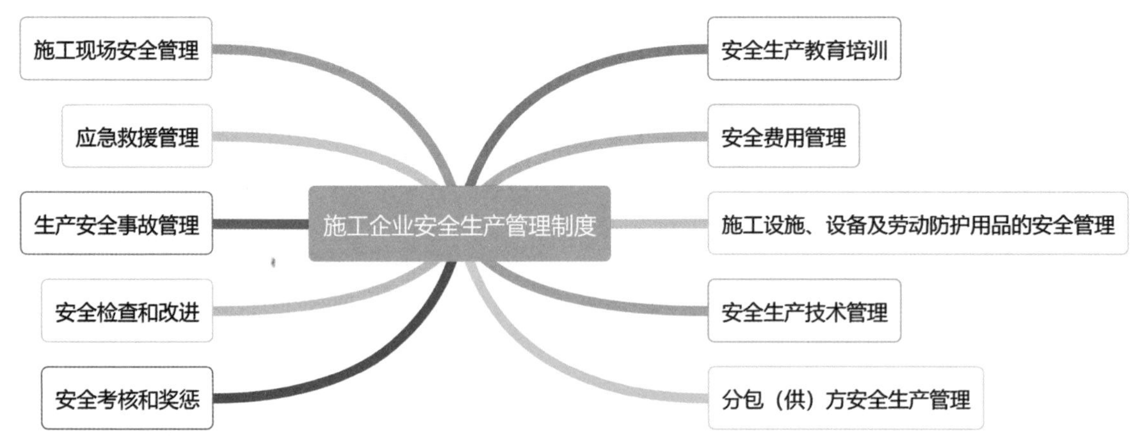

图1A424010-1 施工企业安全生产管理制度

本考点在案例分析题中的考核形式也是查漏补缺的形式，给出部分安全生产管理制度：施工企业安全生产管理制度内容还有哪些?

2. 建筑施工安全生产教育培训

◆企业主要负责人、项目负责人和专职安全生产管理人员必须经安全生产知识和管理能力考核合格，依法取得安全生产考核合格证书。
◆特殊工种作业人员必须经安全技术理论和操作技能考核合格，依法取得建筑施工特种作业人员操作资格证书。

3. 建筑施工安全生产费用管理

◆安全生产费用管理应包括资金的提取、申请、审核审批、支付、使用、统计、分析、审计检查等工作内容。
◆安全生产费用应包括安全技术措施、安全教育培训、劳动保护、应急准备等，以及必要的安全评价、监测、检测、论证所需费用。

【考点 2】施工安全危险源管理（☆☆☆）[20 年多选，14 年案例]

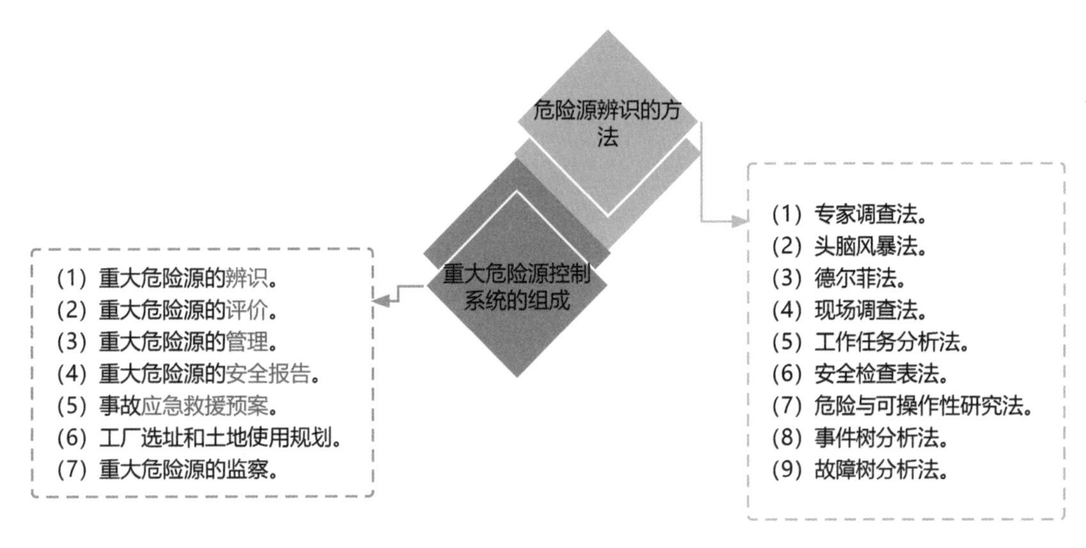

图 1A424010-2　施工安全危险源管理

事故应急救援预案应提出详尽、实用、明确和有效的技术措施与组织措施。

1A424020 工程安全生产检查

【考点 1】安全检查内容（☆☆☆）[13、17、20 年案例]

1. 建筑工程施工安全检查的主要内容

◆建筑工程施工安全检查主要是以查安全思想、查安全责任、查安全制度、查安全措施、查安全防护、查设备设施、查教育培训、查操作行为、查劳动防护用品使用和查伤亡事故处理等为主要内容。

本考点在案例分析题中的考核形式也是查漏补缺的形式，例如：某事件所述检查内容外，施工安全检查还应检查哪些内容？

2. 建筑工程施工安全检查的主要形式

◆建筑工程施工安全检查的主要形式一般可分为日常巡查、专项检查、定期安全检查、经常性安全检查、季节性安全检查、节假日安全检查、开工、复工安全检查、专业性安全检查和设备设施安全验收检查等。

（1）建筑工程施工现场应至少每旬开展一次安全检查工作，施工现场的定期安全检查应由项目经理亲自组织。

（2）施工现场经常性的安全检查方式主要有：

1）现场专（兼）职安全生产管理人员及安全值班人员每天例行开展的安全巡视、巡查。

2）现场项目经理、责任工程师及相关专业技术管理人员在检查生产工作的同时进行的安全检查。

3）作业班组在班前、班中、班后进行的安全检查。

（3）本考点在案例分析题中的命题方式举例如下：

1）建筑工程施工安全检查还有哪些形式？

2）项目部经常性安全检查的方式还应有哪些？

【考点 2】安全检查标准（☆☆☆☆）[15 年多选，13、16、20、22 年案例]

1.《建筑施工安全检查标准》JGJ 59—2011 中各检查表检查项目的构成

《建筑施工安全检查标准》JGJ 59—2011 中各检查表检查项目的构成　　表 1A424020-1

项目	保证项目
满堂脚手架	施工方案、架体基础、架体稳定、杆件锁件、脚手板、交底与验收
悬挑式脚手架	施工方案、悬挑钢梁、架体稳定、脚手板、荷载、交底与验收
基坑工程	施工方案、基坑支护、降排水、基坑开挖、坑边荷载、安全防护
模板支架	施工方案、支架基础、支架构造、支架稳定、施工荷载、交底与验收
施工用电	外电防护、接地与接零保护系统、配电线路、配电箱与开关箱

（1）满堂脚手架、悬挑式脚手架、基坑工程、模板支架和施工用电除上述保证项目外，还应了解其一般项目包括哪些。

（2）另外还需掌握的是高处作业。高处作业检查评定项目包括：安全帽、安全网、安全带、临边防护、洞口防护、通道口防护、攀登作业、悬空作业、移动式操作平台、悬挑式物料钢平台。

（3）这是多项选择题和案例分析题很好的采分点。本考点案例分析题的命题方式举例如下：

1）按照《建筑施工安全检查标准》（JGJ 59—2011），现场高处作业检查的项目还应补充哪些？

2）根据背景材料中的某表，写出满堂脚手架检查内容中的空缺项。分别写出属于保证项目和一般项目的检查内容。

2. 检查评分方法

施工安全检查的等级划分　　表 1A424020-2

等级	标准	
	分项检查评分表	分值
优良	无零分	80 分及以上
合格	无零分	80 分以下，70 分及以上
不合格	一项零分	不足 70 分

（1）检查评分汇总表中各分项项目实得分值应按下式计算：

$$A_1=\frac{B\times C}{100}$$

式中　A_1——汇总表各分项项目实得分值；

B——汇总表中该项应得满分值；

C——该项检查评分表实得分值。

（2）当评分遇有缺项时，分项检查评分表或检查评分汇总表的总得分值应按下式计算：

$$A_2=\frac{D}{E}\times 100$$

式中　A_2——遇有缺项时总得分值；

D——实查项目在该表的实得分值之和；

E——实查项目在该表的应得满分值之和。

（3）本考点案例分析题的命题方式举例如下：

1）背景资料（部分）

某办公楼工程建筑施工安全检查评分汇总表　　表 1A424020-3

工程名称	建筑面积（万 m^2）	结构类型	总计得分	检查项目内容及分值									
某办公楼	（A）	框筒结构	检查前总分（B）	安全管理10分	文明施工15分	脚手架10分	基坑工程10分	模板支架10分	高处作业10分	施工用电10分	外用电梯10分	塔吊10分	施工机具5分
			检查后得分（C）	8	12	8	7	8	8	9	—	8	4

评语：该项目安全检查总得分为（D）分，评定等级为（E）

续表

工程名称	建筑面积（万 m^2）	结构类型	总计得分	检查项目内容及分值			
检查单位	公司安全部	负责人	叶军	受检单位	某办公楼项目部	项目负责人	（F）

写出某表中 A 到 F 所对应的内容（如：A：* 万 m^2）。施工安全评定结论分为几个等级？最终评价的依据有哪些？

2）某事件中，建筑施工安全检查评定结论有哪些等级？本次检查应评定为哪个等级？

1A424030 工程安全生产管理要点

【考点 1】基础工程安全管理要点（☆☆☆）[22 年单选]

1. 基坑（槽）施工安全控制要点

基坑（槽）施工安全控制要点　　表 1A424030-1

项目	内容	
专项施工方案的编制	编制专项施工方案的范围	（1）开挖深度超过 3m（含 3m）或虽未超过 3m 但地质条件和周边环境复杂的基坑（槽）支护、降水工程； （2）开挖深度超过 3m（含 3m）的基坑（槽）的土方开挖工程
	编制专项施工方案且进行专家论证的范围	（1）开挖深度超过 5m（含 5m）的基坑（槽）的土方开挖、支护、降水工程。 （2）开挖深度虽未超过 5m，但地质条件、周围环境和地下管线复杂，或影响毗邻建筑（构筑）物安全的基坑（槽）的土方开挖、支护、降水工程。深基坑工程专项施工方案还需进行专家论证
基坑施工的安全应急措施	（1）一旦出现了渗水或漏水，应根据水量大小，采用坑底设沟排水、引流修补、密实混凝土封堵、压密注浆、高压喷射注浆等方法及时进行处理。 （2）对于轻微的流沙现象，在基坑开挖后可采用加快垫层浇筑或加厚垫层的方法“压住”流沙。对于较严重的流沙，应增加坑内降水措施进行处理。 （3）对邻近建筑物沉降的控制一般可以采用回灌井、跟踪注浆等方法。对于沉降很大，而压密注浆又不能控制的建筑，如果基础是钢筋混凝土的，则可以考虑采用静力锚杆压桩的方法	

静力锚杆压桩如下图所示。

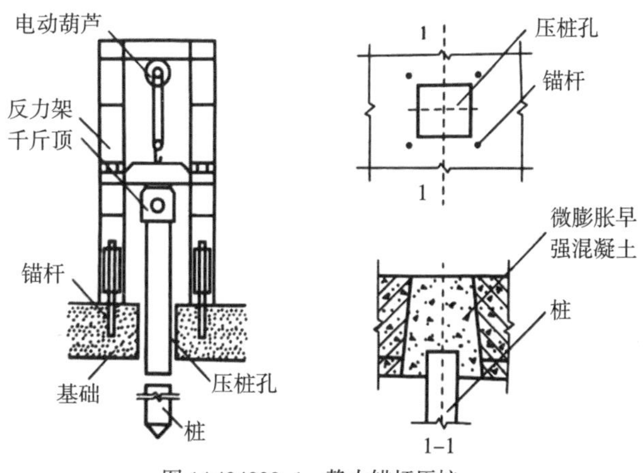

图 1A424030-1 静力锚杆压桩

2. 人工挖孔桩施工安全控制要点

◆开挖深度超过 16m 的人工挖孔桩工程还需对专项施工方案进行专家论证。
◆桩孔内必须设置应急软爬梯供人员上下井。
◆每日开工前必须对井下有毒有害气体成分和含量进行检测，并应采取可靠的安全防护措施。桩孔开挖深度超过 10m 时，应配置专门向井下送风的设备。
◆挖孔桩各孔内用电严禁一闸多用。

【考点 2】脚手架工程安全管理要点（☆☆☆）[14、21 年案例]

1. 钢管脚手架的搭设

◆纵向水平杆接长应采用对接扣件连接或搭接。
◆冲压钢脚手板、木脚手板、竹串片脚手板等，应设置在三根横向水平杆上。
◆脚手架必须设置纵、横向扫地杆。纵向扫地杆应采用直角扣件固定在距钢管底端不大于 200mm 处的立杆上。横向扫地杆应采用直角扣件固定在紧靠纵向扫地杆下方的立杆上。
◆剪刀撑应随立杆、纵向和横向水平杆等同步设置，各底层斜杆下端均必须支承在垫块或垫板上。

（1）纵、横向扫地杆的设置如下图所示。

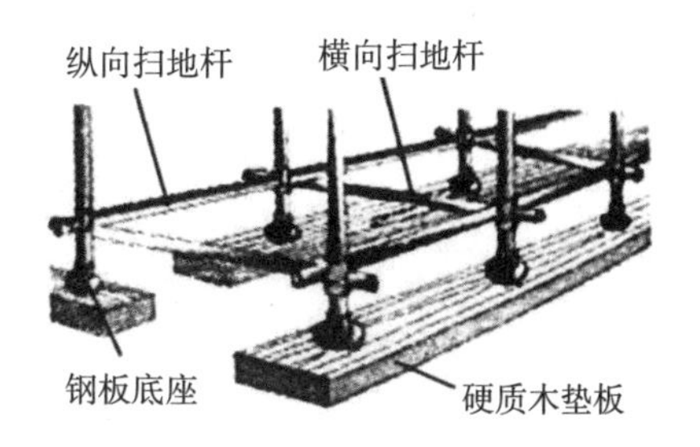

图 1A424030-2 脚手架扫地杆的设置

（2）碗扣式钢管脚手架的组成如下图所示。

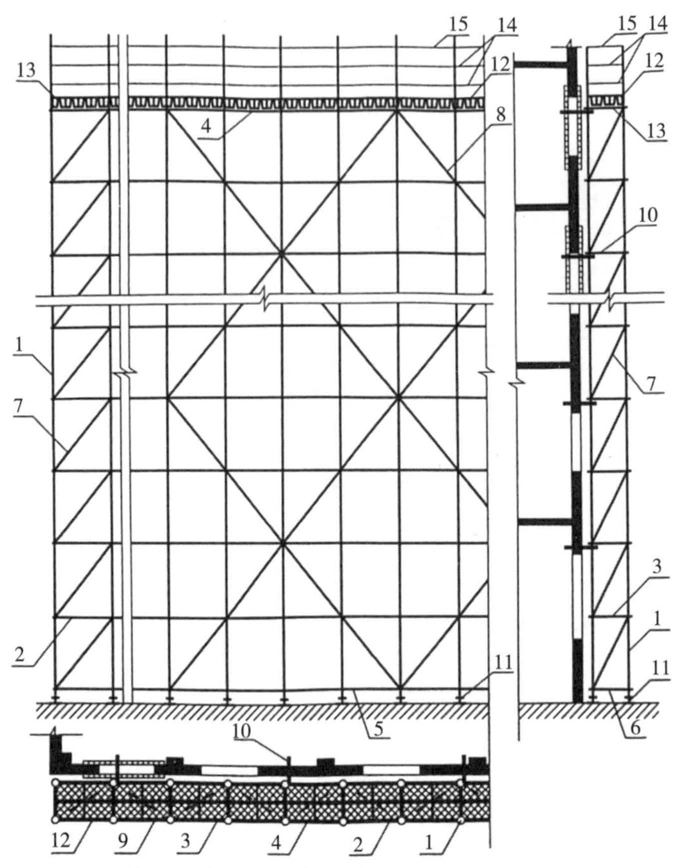

1—立杆；2—纵向水平杆；3—横向水平杆；4—间水平杆；5—纵向扫地杆；6—横向扫地杆；7—竖向斜撑杆；8—剪刀撑；9—水平斜撑杆；10—连墙件；11—底座；12—脚手板；13—挡脚板；14—栏杆；15—扶手

图 1A424030-3　碗扣式钢管脚手架的组成

（3）型钢悬挑脚手架构造如下图所示。

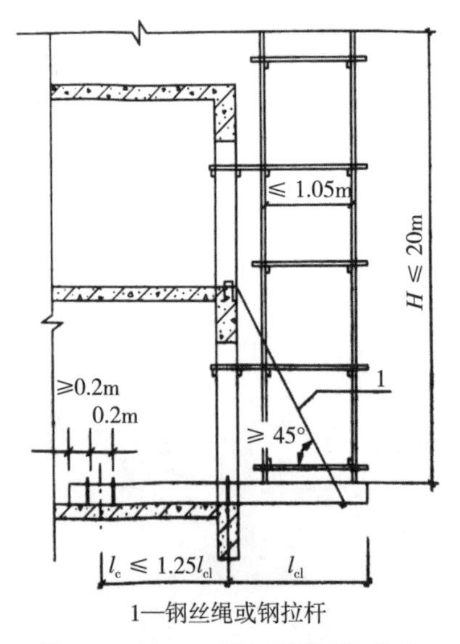

1—钢丝绳或钢拉杆

图 1A424030-4　型钢悬挑脚手架构造

2. 钢管脚手架的拆除

◆必须由上而下逐层进行，严禁上下同时作业。
◆连墙件必须随脚手架逐层拆除，严禁先将连墙件整层拆除后再拆脚手架；分段拆除高差不应大于 2 步，如高差大于 2 步，应增设连墙件加固。
◆拆除作业应设专人指挥。
◆拆除的构配件应采用起重设备吊运或人工传递到地面，严禁抛掷。

（1）本考点是多项选择题和案例分析题很好的采分点。
（2）选择题的考核中，易为：关于 ×× 的说法，正确的是（　）。
（3）案例分析题的考核中，命题方式易为：根据背景资料找出不妥之处并写出正确做法 / 脚手架拆除作业安全管理要点还有哪些？

3. 钢管脚手架的检查验收

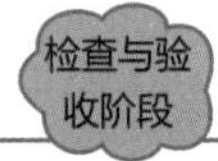

（1）基础完工后及脚手架搭设前。
（2）首层水平杆搭设后。
（3）作业脚手架每搭设一个楼层高度。
（4）悬挑脚手架悬挑结构搭设固定后。
（5）搭设支撑脚手架，高度每2~4步或不大于6m。

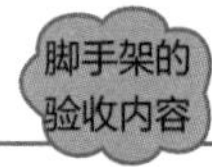

（1）材料与构配件质量。
（2）搭设场地、支承结构件的固定。
（3）架体搭设质量。
（4）专项施工方案、产品合格证、使用说明及检测报告、检查记录、测试记录等技术资料。

图 1A424030–5　钢管脚手架的检查验收

本考点案例分析题的命题方式举例如下：
指出某事件中的不妥之处；脚手架还有哪些情况下也要进行阶段检查和验收？

【考点 3】现浇混凝土工程安全管理要点（☆☆☆）[13 年多选，22 年案例]

1. 现浇混凝土工程安全隐患的主要表现形式

现浇混凝土工程安全隐患的主要表现形式　表 1A424030–2

项目	表现形式
模板与支撑系统部分	（1）模板支撑架体地基、基础下沉。 （2）架体的杆件间距或步距过大。 （3）架体未按规定设置斜杆、剪刀撑和扫地杆。 （4）构架的节点构造和连接的紧固程度不符合要求。 （5）主梁和荷载显著加大部位的构架未加密、加强。 （6）高支撑架未设置一至数道加强的水平结构层。 （7）大荷载部位的扣件指标数值不够。 （8）架体整体或局部变形、倾斜、架体出现异常响声

续表

项目	表现形式
混凝土浇筑过程	（1）高处作业安全防护设施不到位。 （2）机械设备的安装、使用不符合安全要求。 （3）用电不符合安全要求。 （4）混凝土浇筑方案不当使支撑架受力不均衡，产生过大的集中荷载、偏心荷载、冲击荷载或侧压力。 （5）过早地拆除支撑和模板

这是多项选择题和案例分析题很好的采分点。案例分析题的命题方式也易为查漏补缺的形式，难度不大，例如：混凝土浇筑过程的安全隐患主要表现形式还有哪些？

2. 保证模板拆除施工安全的基本要求

◆后张法预应力混凝土结构或构件模板的拆除，侧模应在预应力张拉前拆除，其混凝土强度达到侧模拆除条件即可。进行预应力张拉，必须在混凝土强度达到设计规定值时进行，底模必须在预应力张拉完毕方能拆除。
◆拆模作业之前必须填写拆模申请，并在同条件养护试块强度记录达到规定要求时，技术负责人方能批准拆模。
◆如果模板设计无要求时，可按：先支的后拆，后支的先拆，先拆非承重的模板，后拆承重的模板及支架的顺序进行。
◆模板拆除不能采取猛撬以致大片塌落的方法进行。

（1）要注意上述涉及的几处“必须”“不能”等的限定词，其易以反向表述作为不妥之处进行考核。
（2）还要注意模板的拆除原则。

【考点4】高处作业安全管理要点（☆☆☆）[18年案例]

1. 高处作业基本要求

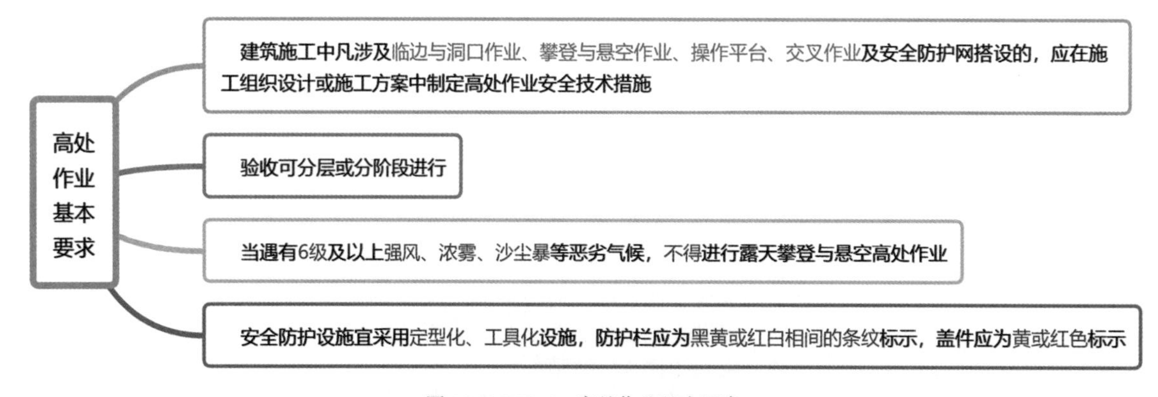

图 1A424030-6　高处作业基本要求

2. 操作平台的安全防范措施

◆移动式操作平台面积不宜大于 $10m^2$，高度不宜大于 5m，高宽比不应大于 2:1，施工荷载不应大于 $1.5kN/m^2$。
◆操作平台使用中应每月不少于 1 次定期检查。
◆落地式操作平台高度不应大于 15m，高宽比不应大于 3:1。
◆落地式操作平台应与建筑物进行刚性连接或加设防倾措施，不得与脚手架连接。

3. 交叉作业安全防范措施

◆对搭设脚手架和设置安全防护棚时的交叉作业，应设置安全防护网，当在多层、高层建筑外立面施工时，应在二层及每隔四层设一道固定的安全防护网，同时设一道随施工高度提升的安全防护网。
◆当安全防护棚的顶棚采用竹笆或木质板搭设时，应采用双层搭设，间距不应小于 700mm；当采用木质板或与其等强度的其他材料搭设时，可采用单层搭设，木板厚度不应小于 50mm。
◆安全防护网搭设时，应每隔 3m 设一根支撑杆，支撑杆水平夹角不宜小于 45°。

交叉作业时，下层作业位置应处于上层作业的坠落半径之外。坠落半径见下表。

作业高度与坠落半径　　表 1A424030-3

序号	上层作业高度（h_b）	坠落半径（m）
1	$2 \leq h_b \leq 5$	3
2	$5 < h_b \leq 15$	4
3	$15 < h_b \leq 30$	5
4	$h_b > 30$	6

【考点 5】建筑机具安全操作要点（☆☆☆）[15 年单选，19 年案例]

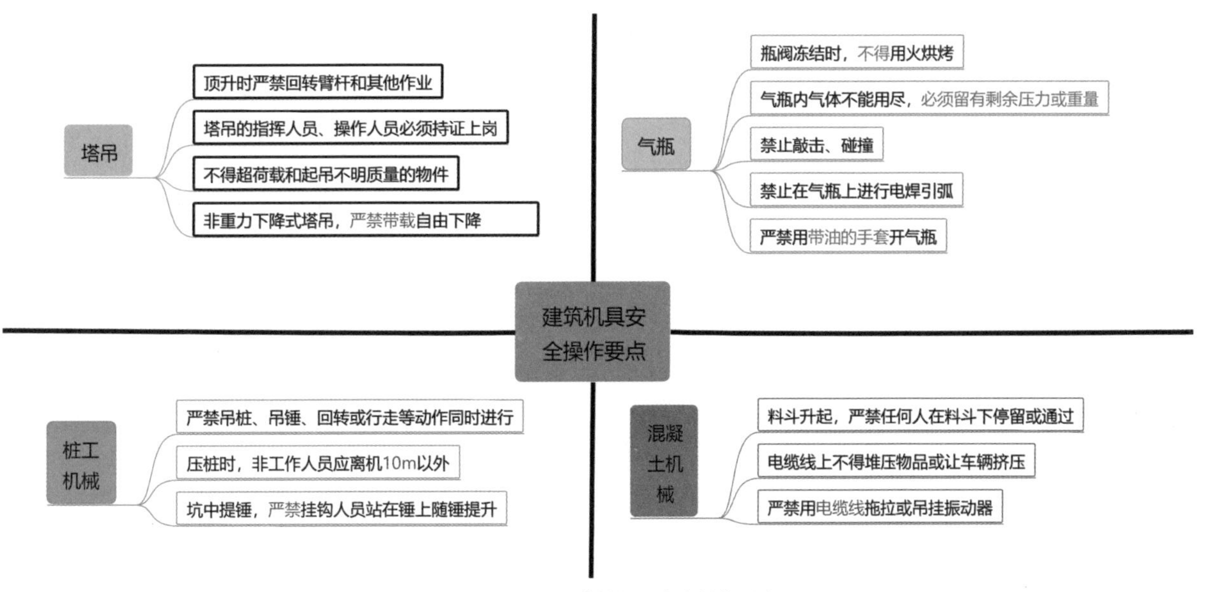

图 1A424030-7　建筑机具安全操作要点

（1）关于铆焊设备需要注意如下两个要点：

1）气焊电石起火时必须用干砂或二氧化碳灭火器，严禁用泡沫、四氯化碳灭火器或水灭火。

2）未安装减压器的氧气瓶严禁使用。

（2）要注意上述涉及的几处“必须”“严禁”“不得”等的限定词，其易以反向表述作为干扰选项 / 不妥之处以选择题或案例分析题的形式进行考核

1A424040 常见安全事故类型及其原因

【考点】常见安全事故类型（☆☆☆）[13、20 年多选，14 年案例]

1. 建筑安全生产事故分类

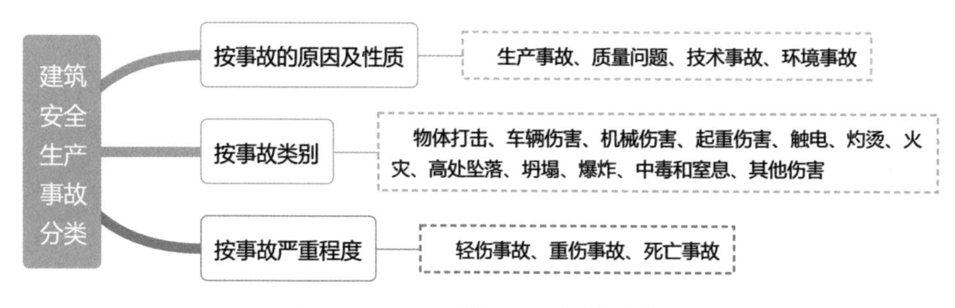

图 1A424040-1　建筑安全生产事故分类

本考点为选择题的采分点，命题形式如：建筑安全生产事故按 ×× 分为（　　）。

2. 伤亡事故

生产安全事故分级　　表 1A424040-1

等级	死亡 / 人	重伤 / 人	直接经济损失
特别重大	人≥ 30	人≥ 100	损失≥ 1 亿元
重大	10 ≤人＜ 30	50 ≤人＜ 100	5000 万元≤损失＜ 1 亿元
较大	3 ≤人＜ 10	10 ≤人＜ 50	1000 万元≤损失＜ 5000 万元
一般	人＜ 3	人＜ 10	损失＜ 1000 万元

（1）建筑施工企业的伤亡事故，是指在建筑施工过程中，由于危险有害因素的影响而造成的工伤、中毒、爆炸、触电等，或由于其他原因造成的各类伤害。

（2）本考点命题方式相对固定，是案例分析题的考核要点，通常在背景资料中给出伤亡人数和直接经济损失来分析判断属于哪一等级。例如：生产安全事故有哪几个等级？ ×× 事件中，事故属于哪个等级？

3. 建筑工程最常发生事故的类型

◆根据对全国伤亡事故的调查统计分析，建筑业伤亡事故率仅次于矿山行业。其中高处坠落、物体打击、机械伤害、触电、坍塌为建筑业最常发生的五种事故。

本考点为选择题的采分点，命题形式为：下列安全事故类型中，属于建筑业最常发生的五种事故的有（　　）。

4. 常见安全事故原因分析

◆按可能导致生产过程中危险和有害因素的性质进行分类，生产过程中危险和有害因素共分为四大类，分别是“人的因素”“物的因素”“环境因素”“管理因素”。

1A425000 项目合同与成本管理

1A425010 施工合同管理

【考点 1】总包合同管理（☆☆☆）[18、2019 年案例]

1. 解释合同文件的优先顺序

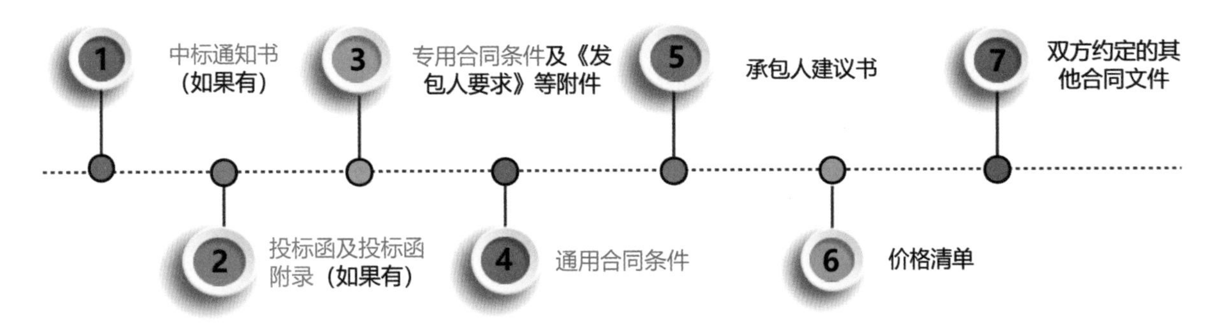

图 1A425010-1　解释合同文件的优先顺序

（1）2019 年以案例分析题的形式进行如下考核：指出背景资料合同签订中的不妥之处。写出背景资料中合同文件解释的优先顺序。

（2）本考点也可以选择题的形式进行命题，举例如下：

1）依据《建设项目工程总承包合同（示范文本）》GF-2020-0216，下列关于解释合同文件优先顺序的表述，正确 / 错误的是（　　）。

2）依据《建设项目工程总承包合同（示范文本）》GF-2020-0216，下列合同文件中解释顺序正确的是（　　）。

2. 总包合同管理的原则

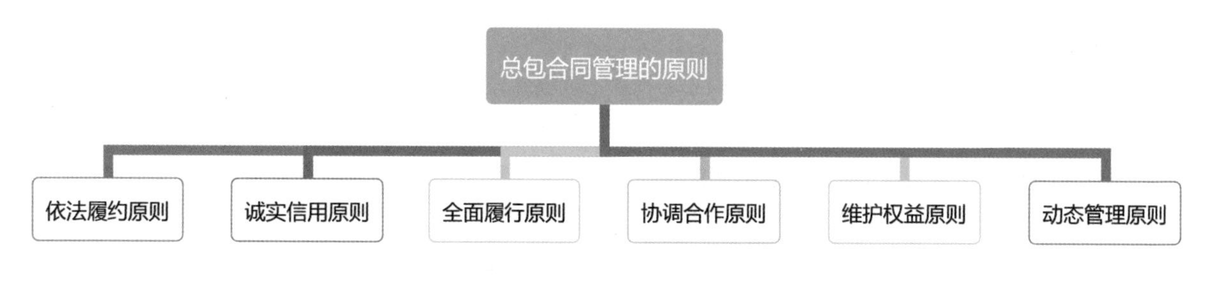

图 1A425010-2　总包合同管理的原则

3. 合同签约

◆在签约之前，仍需要做好以下工作：
（1）保持待签合同与招标文件、投标文件的一致性。
（2）尽量采用当地行政部门制定的通用合同示范文本，完整填写合同内容。
（3）审核合同的主体。
（4）谨慎填写合同细节条款。

【考点 2】其他合同管理（☆☆☆）[19、22 年案例]

其他合同管理　　表 1A425010-1

物资采购合同要加强重点管理的条款	在设备供应合同签订时尚须注意的问题
（1）标的。 （2）数量。 （3）包装。 （4）运输方式。 （5）价格。 （6）结算。 （7）违约责任。 （8）特殊条款	（1）设备价格。 （2）设备数量。 （3）技术标准。 （4）现场服务。 （5）验收和保修

作为工程总承包企业，合同管理工作繁重，例如勘察设计、施工总承包合同、分包合同、劳务合同、采购合同、租赁合同、借款合同、担保合同、咨询合同、保险合同等。

1A425020 工程量清单计价规范应用

【考点 1】工程量清单计价的特点（☆☆☆）[18 年案例]

工程清单计价的特点 表 1A425020-1

项目	内容
强制性	对工程量清单的使用范围、计价方式、竞争费用、风险处理、工程量清单编制方法、工程量计算规则均做出了强制性规定
统一性	采用综合单价形式
完整性	包括了工程项目招标、投标、过程计价以及结算的全过程管理
规范性	对计价方式、计价风险、清单编制、分部分项工程量清单编制、招标控制价的编制与复核、投标价的编制与复核、合同价款调整、工程计价表格式均做出了统一规定和标准
竞争性	要求投标单位根据市场行情，自身实力报价
法定性	本质上是单价合同的计价模式

【考点 2】工程量清单构成与编制要求（☆☆☆）[14、16 年案例]

1. 一般措施费项目一览表

一般措施费项目一览表 表 1A425020-2

序号	项目名称
1	安全文明施工费（含环境保护、文明施工、安全施工、临时设施）
2	夜间施工
3	二次搬运费
4	冬雨期施工
5	大型机械设备进出场及安拆
6	施工排水

续表

序号	项目名称
7	施工降水
8	地上、地下设施，建筑物的临时保护设施
9	已完工程及设备保护

本考点案例分析题的命题方式举例：安全文明施工费包括哪些费用?

2. 工程量清单的编制要求

◆招标工程量清单必须作为招标文件的组成部分，其准确性和完整性由招标人负责。

◆招标人应编制招标控制价以及组成招标控制价的各组成部分的详细内容，招标价不得上浮或者下浮，并在招标文件中予以公布。

◆措施费应根据招标文件中的措施费项目清单及投标时拟定的施工组织设计或施工方案自主确定，但是措施项目清单中的安全文明施工费应按照不低于国家或省级、行业建设主管部门规定标准的90%计价，不得作为竞争性费用。

◆规费和税金应按国家或省级、行业建设主管部门的规定计算，不得作为竞争性费用。

本考点的命题方式举例如下：

（1）招标单位应对哪些招标工程量清单总体要求负责?

（2）某事件中，除税金外还有哪些费用在投标时不得作为竞争性费用?

1A425030 工程造价管理

【考点1】建设工程造价的特点与分类（☆☆☆）[14年案例]

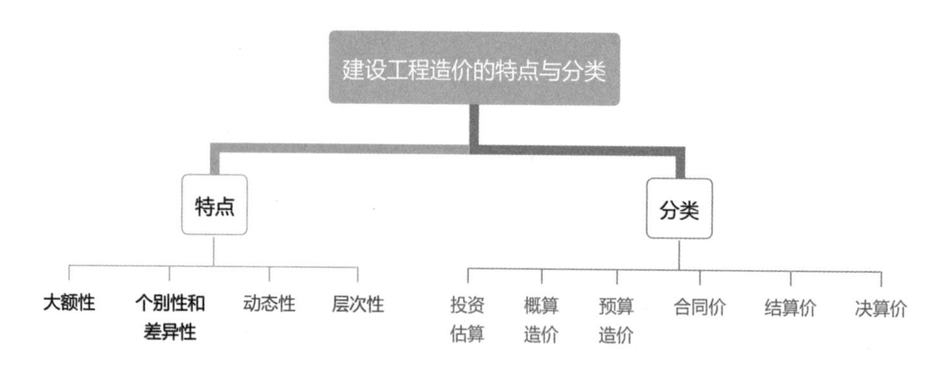

图1A425030-1　建设工程造价的特点与分类

本考点案例分析题的命题方式举例如下：

（1）根据工程项目不同建设阶段，建设工程造价可划分为哪几类？ ×× 中标造价属于其中的哪一类？

（2）建设工程造价的特点有哪些？

【考点 2】工程造价构成（☆☆☆）[18 年单选，17、21 年案例]

1. 工程造价费用按构成要素划分

工程造价费用按构成要素划分　　表 1A425030-1

分类	内容
人工费	包括计时工资或计件工资、奖金、津贴补贴、加班加点工资、特殊情况下支付的工资
材料费	包括材料原价、运杂费、运输损耗费、采购及保管费
施工机具使用费	包括施工机械使用费（含折旧费、大修理费、经常修理费、安拆费及场外运费、人工费、燃料动力费、税费）、仪器仪表使用费
企业管理费	包括管理人员工资、办公费、差旅交通费、固定资产使用费、工具用具使用费、劳动保险和职工福利费、劳动保护费、检验试验费、工会经费、职工教育经费、财产保险费、财务费、税金、其他
利润	施工企业完成所承包工程获得的盈利
规费	包括社会保险费（含养老保险费、失业保险费、医疗保险费、生育保险费、工伤保险费）、住房公积金、工程排污费
税金	税法规定的应计入建筑安装工程造价内的增值税及附加费

（1）检验试验费不包括新结构、新材料的试验费，对构件做破坏性试验及其他特殊要求检验试验的费用和建设单位委托检测机构进行检测的费用，对此类检测发生的费用，由建设单位在工程建设其他费用中列支。但对施工企业提供的具有合格证明的材料进行检测不合格的，该检测费用由施工企业支付。

（2）这是选择题和案例分析题很好的采分点。本考点案例分析题的命题方式举例如下：

1）根据《建筑安装工程费用项目组成》（建标［2013］44 号）规定，以下费用属于 / 不属于 ×× 费的是（　　）。

2）分别判断背景资料中检测试验索赔事项的各项费用是否成立？

2. 工程造价按造价形成划分

工程造价按造价形成划分　　表 1A425030-2

分类	内容
分部分项工程费	分部分项工程费 = Σ（分部分项工程量 × 综合单价）
措施项目费	包括一般措施项目（见一般措施费项目一览表）、脚手架工程、混凝土模板及支架（撑）、垂直运输、超高施工增加费
其他项目费	包括：暂列金额、计日工、总承包服务费、暂估价。其中暂估价又包括材料暂估单价、工程设备暂估单价、专业工程暂估单价
规费	包括：社会保障费（含养老保险费、失业保险费、医疗保险费）、住房公积金、工程排污费、工伤保险
税金	应计入建筑安装工程造价内的增值税及附加费

本考点的命题方式举例如下：

（1）根据《建筑安装工程费用项目组成》（建标［2013］44 号）规定，×× 费包括（　）。

（2）根据背景材料列式计算措施项目费为多少万元?

【考点 3】工程造价计价（☆☆☆）[14、22 年案例]

通常工程造价计价程序是：

◆分部分项工程费，按计价规定计算。

◆措施项目费，按计价规定计算。

◆其他项目费，按计价规定计算。

◆规费，按规定标准计算。

◆税金。按规定计算。

建筑工程造价为：①+②+③+④+⑤。

（1）企业管理费是以分部分项工程的人工费或人工费与机械费之和或人工费、材料费、机械费之和为基数，再乘以相应的费率即可得到企业管理费。该管理费将企业各个层级的管理费予以了合并，不再将企业、项目部发生的管理费分开计算。

（2）本考点案例分析题的命题方式举例如下：

1）分别计算各项构成费用（分部分项工程费、措施项目费等 5 项）。

2）列式计算事件中 ×× 单位的中标造价是多少万元（保留两位小数）。

1A425040 施工商务管理

【考点 1】项目资金管理（☆☆☆）[21 年案例]

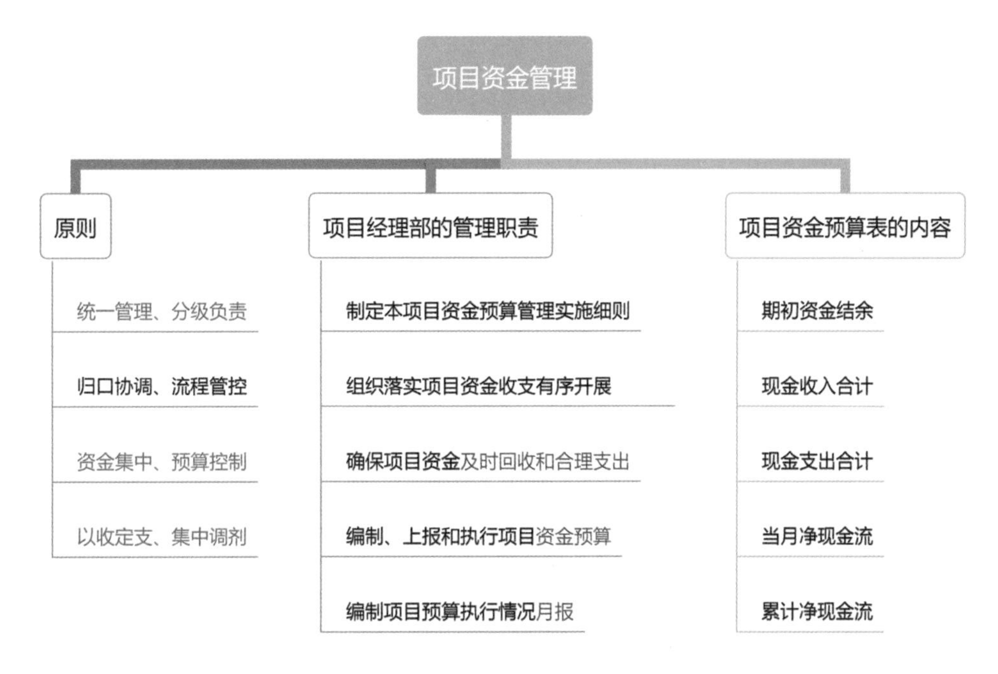

图 1A425040-1 项目资金管理

本考点易以查漏补缺的形式进行命题，例如：根据背景资料，项目资金管理原则有哪些内容？

【考点 2】合同价款确定与调整（☆☆☆）[16、17 年案例]

1. 合同价款的确定

合同价款的确定 表 1A425040-1

方式		适用的工程项目
单价合同	固定单价合同	一般适用于技术难度小、图纸完备的工程项目
	可调单价合同	一般适用于工期长、施工图不完整、施工过程中可能发生各种不可预见因素较多、需要根据现场实际情况重新组价议价的工程项目
总价合同	固定总价合同	适用于规模小、技术难度小、工期短（一般在一年之内）的工程项目
	可调总价合同	适用于工程规模大、技术难度大、图纸设计不完整、设计变更多，工期较长（一般在一年之上）的工程项目
成本加酬金合同		适用于灾后重建、紧急抢修、新型项目或对施工内容、经济指标不确定的工程项目

（1）可调总价合同是指在固定总价合同的基础上，对在合同履行过程中因为法律、政策、市场等因素影响，对合同价款进行调整的合同。

（2）要熟悉了解不同合同的适用范围。

2. 合同价款的调整——工程设计变更

◆已标价工程量清单中有适用于变更工程项目的，采用该项目的单价；但当工程变更导致该清单项目的工程数量发生变化，且工程量偏差超过 15%（不含 15%），此时该项目单价的调整原则是：当工程量增加 15% 以上时，其增加部分的工程量的综合单价应予调低；当工程量减少 15% 以上时，减少后剩余部分的工程量的综合单价应予调高。

◆已标价工程量清单中没有适用也没有类似于变更工程项目的，由承包人根据变更工程资料、计量规则和计价办法、工程造价管理机构发布的信息价格和承包人报价浮动率提出变更工程项目的单价，报发包人确认后调整。承包人报价浮动率可按下列公式计算：

招标工程：承包人报价浮动率 L=（1−中标价 / 招标控制价）×100%

非招标工程：承包人报价浮动率 L=（1−报价值 / 施工图预算）×100%

◆已标价工程量清单中没有适用也没有类似于变更工程项目，且工程造价管理机构发布的信息价格缺价的，由承包人根据变更工程资料、计量规则、计价办法和通过市场调查等取得有合法依据的市场价格提出变更工程项目的单价，报发包人确认后调整。

【考点 3】工程价款计算与调整（☆☆☆☆☆）[13、14、15、17、19、21 年案例]

1. 工程预付款的计算

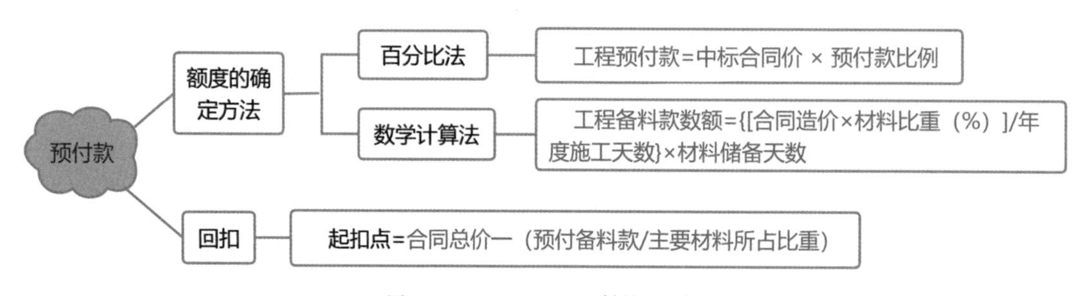

图 1A425040–2 工程预付款的计算

本考点为高频考点，且均以案例分析题的形式进行命题，提问方式也较为统一，举例如下：

（1）×× 工程预付备料款和起扣点分别是多少万元？（精确到小数点后两位）

（2）计算 ×× 工程的预付款、起扣点是多少？

（3）×× 事件中，列式计算工程预付款、工程预付款起扣点（单位：万元，保留小数点后两位）。

2. 工程进度款的计算

◆常见工程进度款的支付方式为月度支付、分段支付等。
◆工程月度进度款 = 当月有效工作量 × 合同单价 − 相应的保修金 − 应扣预付款 − 罚款
◆工程分段进度款 = 阶段有效工作量 × 合同单价 − 相应的保修金 − 应扣预付款 − 罚款

本考点案例分析题的命题方式举例：分别计算 3、4、5 月份应付进度款、累计支付进度款是多少？

3. 工程竣工结算款的计算

◆建设工程承包人行使优先权的期限为六个月，自建设工程竣工之日或者建设工程合同约定的竣工之日起计算。
◆如果合同中既有拖欠工程款利息约定又有违约金的约定时，司法实践中通常情况下只支持其中一种。但是如果合同约定了因拖欠工程款，造成承包人其他损失时，发包人应予以赔偿，承担违约责任。

本考点案例分析题的命题方式举例：× 事件中，工程款优先受偿权自竣工之日起共计多少个月？

【考点 4】竣工结算确定与调整（☆☆☆）[13、20 年案例]

竣工结算确定与调整　　表 1A425040-2

常用方式	内容
工程造价指数调整法	工程结算造价 = 工程合同价 × 竣工时工程造价指数 / 签订合同时工程造价指数
实际价格法	人工费调整总额 = Σ总用工数量 ×（信息价人工单价 − 合同人工单价），计入工程直接费 材料费调整总额 = Σ可调材料数量 ×（信息价材料单价 − 合同材料单价），计入工程直接费 机械费调整总额 = Σ可调机械台班 ×（信息价机械台班单价 − 合同机械台班单价），计入工程直接费
调价系数法	指双方采用当时的预算价格承包，在竣工时根据当地工程造价管理部门规定的调价系数，对原工程造价，调整人工费、材料费、机械费费用上涨及工程变更等因素造成的价差
调值公式法	$P=P_0（a_0+a_1A/A_0+a_2B/B_0+a_3C/C_0+a_4D/D_0）$

（1）实际价格设计的三个计算式较为相似，记住其一即可轻松应对。
（2）本考点案例分析题的命题方式举例：×× 事件中，列式计算经调整后的实际计算价款应为多少万元？

【考点 5】设计变更、签证与索赔（☆☆☆☆☆）[14、15、16、17、18、19、20、21 年案例]

1. 设计变更

◆通常情况下是由设计院提出并经建设单位认可后，发至施工单位及其他相关单位。
◆在施工过程中，由于施工方面、资源市场的原因等引起的设计变更，经双方或三方签字同意可作为设计变更。

（1）设计变更无论由哪方提出，均应由建设单位、设计单位、施工单位协商，经由设计部门确认后，发出相应图纸或说明，并办理签发手续后实施。
（2）本考点案例分析题的命题方式举例：办理设计变更的步骤有哪些？

2. 工程签证

◆双方应根据实际处理的情况及发生的费用办理工程签证。
◆由于业主或非施工单位的原因造成的停工、窝工，业主只负责停窝工人工费补偿标准，而不是当地造价部门颁布的工资标准；机械停窝工费用也只按照租赁费或摊销费计算，而不是机械台班费。

3. 证据的种类

在工程过程中常见的索赔证据有：
◆招标文件、合同文本及附件，其他的各种签约，业主认可的工程实施计划，各种工程图纸，技术规范等。
◆来往信件。
◆各种会谈纪要。
◆施工进度计划和实际施工进度记录。
◆施工现场的工程文件。
◆工程照片。
◆气候报告。
◆工程中的各种检查验收报告和各种技术鉴定报告。
◆工地的交接记录，图纸和各种资料交接记录。
◆建筑材料和设备的采购、订货、运输、进场，使用方面的记录、凭证和报表等。
◆市场行情资料。
◆各种会计核算资料。

本考点易以根据背景资料查漏补缺的形式进行命题，举例：××施工单位还需补充哪些索赔资料？

4. 索赔的分类

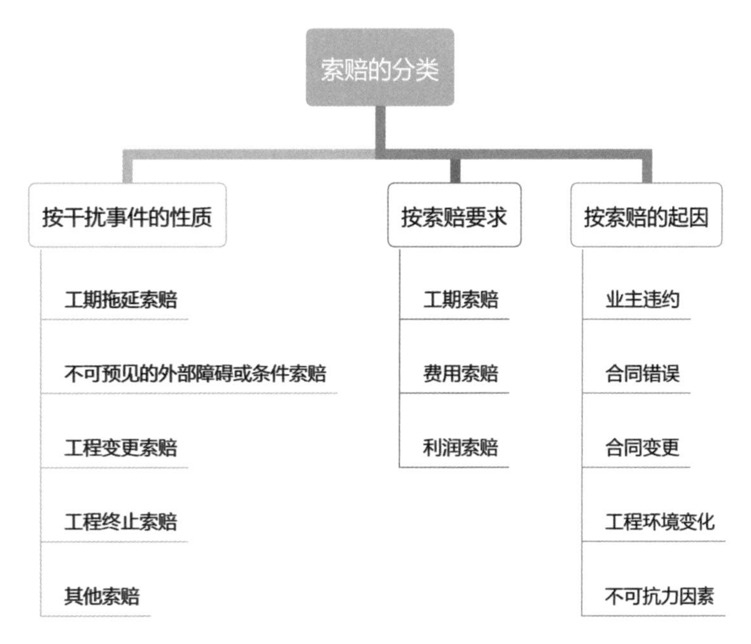

图 1A425040-3　索赔的分类

5. 施工索赔的计算方法

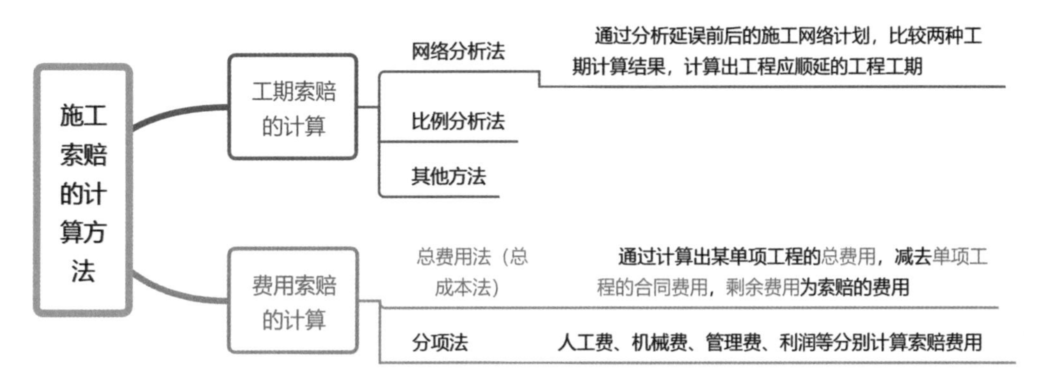

图 1A425040-4　施工索赔的计算方法

（1）本考点几乎为每年必考考点，且均以案例分析题的形式进行命题。

（2）本考点案例分析题的命题方式举例如下：

1）施工单位工地总成本增加，用总费用法分步计算索赔值是多少万元？（精确到小数点后两位）

2）×× 事件中，分别指出施工单位提出的两项工期索赔和两项费用索赔是否成立，并说明理由。

3）总承包单位的哪些索赔成立？

4）分别判断施工单位提出的两项费用索赔是否成立，并写出相应理由。

1A425050 施工成本管理

【考点1】施工成本构成（☆☆☆）[20年案例]

1. 施工成本的种类与管理

施工成本的种类与管理　　表1A425050-1

项目	内容
种类	施工成本按照成本控制的不同标准划分为：目标成本；计划成本；标准成本；定额成本
管理	施工成本管理包括落实项目施工责任成本、制定成本计划、分解成本指标、进行成本控制、成本核算、成本分析和成本考核、成本监督的全过程管理

2. 成本核算

◆施工成本 = 中标造价 - 期间费用 - 利润 - 税金
◆成本核算中的制造成本法是指：首先是按照工程的人工、机械、材料及其他直接费核算出直接费用，再由项目层次的管理费等作为工程项目的间接费，而企业管理费用则属于期间费用，不计入施工成本中。
◆除了制造成本法外，还有完全成本法。

【考点2】施工成本控制（☆☆☆）

施工成本控制　　表1A425050-2

划分标准	内容
按工程阶段分的控制过程	（1）工程投标阶段的成本控制。 （2）施工准备阶段的成本控制。 （3）施工期间的成本控制。 （4）竣工验收阶段的成本控制
按管理程序分的控制过程	（1）施工项目成本预测。 （2）施工项目成本计划。 （3）施工项目成本控制。 （4）施工项目成本核算。 （5）施工项目成本分析。 （6）施工项目成本考核

【考点 3】施工成本分析（☆☆☆）[20 年案例]

基本分析方法

(1) 比较法。
(2) 因素分析法。（最常用）
(3) 差额分析法。
(4) 比率法。

综合分析法

(1) 分部分项成本分析。
(2) 月（季）度成本分析。
(3) 年度成本分析。
(4) 竣工成本分析。

图 1A425050–1 建筑工程成本分析方法的分类

直击考点

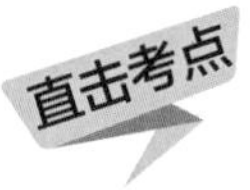

（1）因素分析法的本质是分析各种因素对成本差异的影响，采用连环替代法。该方法首先要排序。排序的原则是：先工程量，后价值量；先绝对数，后相对数。然后逐个用实际数替代目标数，相乘后，用所得结果减替代前的结果，差数就是该替代因素对成本差异的影响。

（2）因素分析法替换过程中，一次只能替换一个变量，已经替换的数据保留，每次替换与前一次比较。

（3）本考点案例分析题的命题方式举例：根据背景资料，××工程各因素对实际成本的影响各是多少元？

1A426000 项目资源管理

1A426010 材料管理

【考点 1】材料计划的分类（☆☆☆）

材料计划的分类　　表 1A426010–1

划分依据	类型
计划的用途	材料需用计划、加工订货计划和采购计划
计划的期限	年度计划、季度计划、月计划、单位工程材料计划及临时追加计划

直击考点

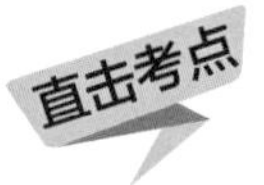

项目常用的材料计划有：单位工程主要材料需用计划、主要材料年度需用计划、主要材料月（季）度需用计划、半成品加工订货计划、周转料具需用计划、主要材料采购计划、临时追加计划等。

【考点 2】现场材料管理（☆☆☆☆）[14、15、22 年案例]

现场材料管理　　表 1A426010-2

<table>
<tr><th>项目</th><th>内容</th></tr>
<tr><td>材料采购</td><td>材料采购时，要注意采购周期、批量、库存量满足使用要求，进行方案优选，选择采购费和储存费之和最低的方案。其计算公式为：
$$F=Q/2\times P\times A+S/Q\times C$$
式中　F——采购费和储存费之和；
Q——每次采购量；
P——采购单价；
A——年仓库储存费率；
S——总采购量；
C——每次采购费</td></tr>
<tr><td>最优采购批量的计算</td><td>最优采购批量是指采购费和储存费之和最低的采购批量，最优采购批量的计算公式：
$$Q_0=\sqrt{2SC/PA}$$
式中　Q_0——最优采购批量。
年采购次数为：S/Q_0;
采购间隔期为：365/ 年采购次数</td></tr>
<tr><td>ABC 分类法</td><td>ABC 分类法分类步骤：
（1）计算每一种材料的金额；
（2）按照金额由大到小排序并列成表格；
（3）计算每一种材料金额占库存总金额的比率；
（4）计算累计比率；
（5）分类</td></tr>
</table>

（1）ABC 分类法就是根据库存材料的占用资金大小和品种数量之间的关系，把材料分为 ABC 三类（见下表），找出重点管理材料的一种方法。

材料 ABC 分类表　　表 1A426010-3

材料分类	品种数占全部品种数（%）	资金额占资金总额（%）
A 类	5 ~ 10	70 ~ 75
B 类	20 ~ 25	20 ~ 25
C 类	60 ~ 70	5 ~ 10
合计	100	100

A 类材料占用资金比重大，是重点管理的材料。对 B 类材料，可按大类控制其库存；对 C 类材料，可采用简化的方法管理，如定期检查库存，组织在一起订货运输等。

（2）本考点案例分析题的命题方式举例如下：

1）×× 事件中，根据“ABC 分类法”，分别指出重点管理材料名称（A 类材料）和次要管理材料名称（B 类材料）。

2）根据背景材料分别计算地砖的每平方米用量、各地采购比重和材料原价各是多少？（原价单位：元 /m^2）

1A426020 机械设备管理

【考点 1】施工机械设备的配置（☆☆☆）[18、21 年案例]

1. 施工机械设备选择的依据和原则

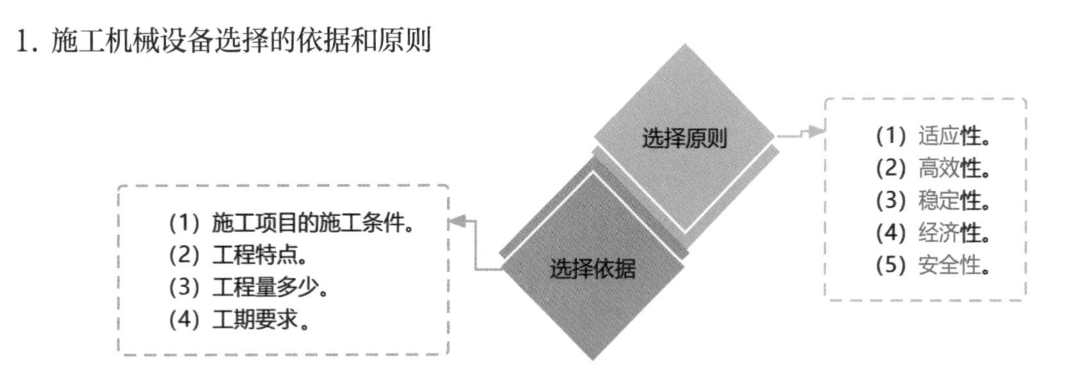

图 1A426020-1　施工机械设备选择的依据和原则

施工项目机械设备的供应渠道有企业自有设备调配、市场租赁设备、专门购置机械设备、专业分包队伍自带设备。

2. 施工机械设备选择的方法

施工机械设备选择的方法　　表 1A426020-1

项目	内容	
单位工程量成本比较法	可变费用	又称操作费，如操作人员的工资、燃料动力费、小修理费、直接材料费等
	固定费用	如折旧费、大修理费、机械管理费、投资应付利息、固定资产占用费等，租赁机械的固定费用是要按期交纳的租金
	计算公式	$C=(R+Fx)/Qx$
折算费用法（等值成本法）	适用	当施工项目的施工期限长，某机械需要长期使用，项目经理部决策购置机械时，可考虑机械的原值、年使用费、残值和复利利息，用折算费用法计算。在预计机械使用的期间，按月或年摊入成本的折算费用，选择较低者购买
	计算公式	年折算费用 =（原值 - 残值）× 资金回收系数十残值 × 利率 + 年度机械使用费 其中：资金回收系数 = $\frac{i(1+i)^n}{(1+i)^n-1}$

（1）施工机械设备选择的方法除上述两种外还包括界限时间比较法和综合评分法。
（2）在多台机械可供选用时，可优先选择单位工程量成本费用较低的机械。
（3）施工机械需用量根据工程量、计划期内台班数量、机械生产率和利用率计算如下：

$$N=P/(W\times Q\times K_1\times K_2)$$

式中　N——机械需用数量；
P——计划期内工作量；
W——计划期内台班数；

Q——机械台班生产率（即台班工作量）；
K_1——现场工作条件影响系数；
K_2——机械生产时间利用系数。

【考点 2】大型施工机械设备管理（☆☆☆）[16、17、20 年多选]

1. 土方机械的选择

土方机械的选择　　表 1A426020-2

适用情形	宜用机械
一般深度不大的大面积基坑开挖	推土机或装载机推土、装土，用自卸汽车运土
对长度和宽度均较大的大面积土方一次开挖	铲运机铲土、运土、卸土、填筑作业
对面积不大但较深的基础	多采用 $0.5m^3$ 或 $1.0m^3$ 斗容量的液压正铲挖掘机，上层土方也可用铲运机或推土机进行
操作面狭窄，且有地下水，土体湿度大	液压反铲挖掘机挖土，自卸汽车运土
在地下水中挖土	拉铲，效率较高
对地下水位较深，采取不排水开挖时	可分层用不同机械开挖，先用正铲挖土机挖地下水位以上土方，再用拉铲或反铲挖地下水位以下土方，用自卸汽车将土方运出

土方机械化开挖应根据基础形式、工程规模、开挖深度、地质、地下水情况、土方量、运距、现场和机具设备条件、工期要求以及土方机械的特点等合理选择挖土机械。

2. 常用的垂直运输设备

◆常用的垂直运输设备有三大类：塔式起重机，施工电梯，混凝土泵。

3. 塔式起重机的分类

塔式起重机的分类　　表 1A426020-3

划分标准	类型
按固定方式	固定式、轨道式、附墙式、内爬式
按架设方式	自升、分段架设、整体架设、快速拆装
按塔身构造	非伸缩式、伸缩式
按臂构造	整体式、伸缩式、折叠式
按回转方式	上回转式、下回转式
按变幅方式	小车移动、臂杆仰俯、臂杆伸缩
按控速方式	分级变速、无级变速
按操作控制方式	手动操作、电脑自动监控
按起重能力	轻型、中型、重型、超重型

本考点为多项选择题的考核要点，命题方式为：塔式起重机按 ×× 进行分类可分为（　　）。

1A426030 劳动力管理

【考点 1】劳务用工管理（☆☆☆☆）[13、15、21、22 年案例]

1. 劳务用工基本规定

◆劳务用工企业必须依法与工人签订劳动合同，合同中应明确合同期限、工作内容、工作条件、工资标准（计时工资或计件工资）、支付方式、支付时间、合同终止条件、双方责任等。
◆劳务企业应当每月对劳务作业人员应得工资进行核算，按照劳动合同约定的日期支付工资，不得以工程款拖欠、结算纠纷、垫资施工等理由随意克扣或无故拖欠工人工资。
◆总承包企业或专业承包企业支付劳务企业分包款时，应责成专人现场监督劳务企业将工资直接发放给劳务工本人，严禁发放给“包工头”或由“包工头”替多名劳务工代领工资，以避免出现“包工头”携款潜逃，劳务工资拖欠的情况。

本考点案例分析题的命题方式举例：根据背景资料指出项目劳动用工管理工作中不妥之处，并写出正确做法。

2. 劳务作业分包管理

◆劳务作业分包是指施工总承包企业或者专业承包企业将其承包工程中的劳务作业发包给具有相应资质和能力的劳务分包企业完成的活动。其范围包括：木工作业、砌筑作业、抹灰作业、石制作业、油漆作业、钢筋作业、混凝土作业、脚手架作业、模板作业、焊接作业、水暖电安装作业、钣金作业、架线作业等。

本考点案例分析题的命题方式举例：根据背景资料的施工过程，总承包单位依法可以进行哪些专业分包和劳务分包？

3. 劳务实名制管理

劳务实名制管理　　表 1A426030-1

项目	内容
主要措施	（1）作业分包单位的劳务员在进场施工前，应按实名制管理要求，将进场施工人员花名册、身份证、劳动合同文本或用工书面协议、岗位技能证书复印件及时报送总承包商备案。 （2）总承包方劳务员根据劳务分包单位提供的劳务人员信息资料逐一核对，不具备以上条件的不得使用，总承包商将不允许其进入施工现场。

续表

项目	内容
主要措施	（3）劳务员要做好劳务管理工作内业资料的收集、整理、归档。 （4）项目经理部劳务员负责项目日常劳务管理和相关数据的收集统计工作，建立劳务费、工资结算兑付情况统计台账，检查监督作业分包单位对劳务工资的支付情况，对作业分包单位在支付工资上存在的问题，应要求其限期整改。 （5）实施建筑工人实名制管理所需费用可列入安全文明施工费和管理费
技术手段	（1）工资管理。 （2）考勤管理。 （3）门禁管理。 （4）售饭管理。 （5）施工现场可采用人脸、指纹、虹膜等生物识别技术进行电子打卡；不具备封闭式管理条件的工程项目，应采用移动定位、电子围栏等技术实施考勤管理

本考点案例分析题的命题方式举例：

（1）建筑工人满足什么条件才能进入施工现场工作？

（2）指出 ×× 事件中的不妥之处，并说明正确做法。按照劳务实名制管理规定劳务公司还应将哪些资料的复印件报总承包单位备案？

【考点2】劳动力的配置（☆☆☆）[13、17、19年案例]

1. 劳动力计划编制要求

◆要保持劳动力均衡使用。劳动力使用不均衡，不仅会给劳动力调配带来困难，还会出现过多、过大的需求高峰，同时也增加了劳动力的管理成本，还会带来住宿、交通、饮食、工具等方面的问题。

◆要根据工程的实物量和定额标准分析劳动需用总工日，确定生产工人、工程技术人员的数量和比例。

◆要准确计算工程量和施工期限。

本考点案例分析题的命题方式举例如下：

（1）劳动力使用不均衡时，还会出现哪些方面的问题？

（2）根据背景资料，施工劳动力计划编制要求还有哪些？

2. 劳动力需求计划

劳动力需求计划　　表 1A426030-2

项目	内容
确定劳动效率	必须考虑到具体情况，如环境、气候、地形、地质、工程特点、实施方案的特点、现场平面布置、劳动组合、施工机具等，进行合理调整。 根据劳动力的劳动效率，就可得出劳动力投入的总工时，即： 劳动力投入总工时 = 工程量 /（产量 / 单位时间）= 工程量 × 工时消耗量 / 单位工作量

续表

项目	内容
确定劳动力投入量	$劳动力投入量=\dfrac{劳动力投入总工时}{班次/日\times工时/班次\times活动持续时间}=\dfrac{工时消耗量\times工程量/单位工程量}{班次/日\times工时/班次\times活动持续时间}$
劳动力需求计划的编制	不仅要考虑整体劳动效率，还要考虑到设备能力和材料供应能力的制约，以及与其他班组工作的协调。 劳动力需要量计划中还应包括对现场其他人员的使用计划，可根据劳动力投入量计划按比例计算，或根据现场的实际需要安排

本考点案例分析题的命题方式举例如下：
（1）计算主体施工阶段需要多少名劳动力？
（2）编制劳动力需求计划时，确定劳动效率通常还应考虑哪些因素？

1A427000 建筑工程验收管理

【考点1】工程资料与档案（☆☆☆）[13、20年案例]

1. 工程资料的形成

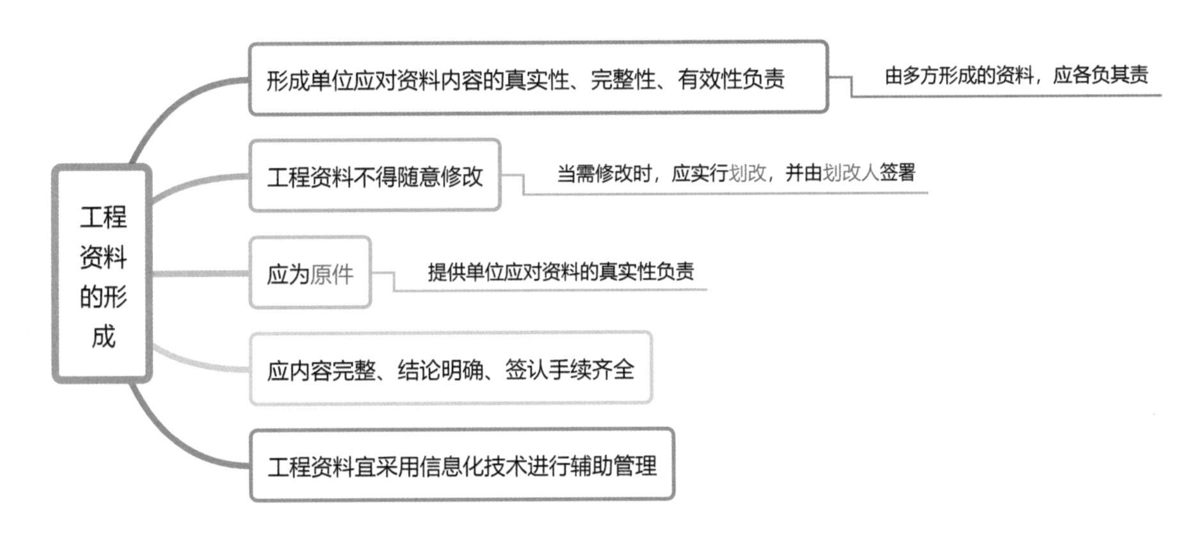

图 1A427000-1 工程资料的形成

（1）当为复印件时，提供单位应在复印件上加盖单位印章，并应有经办人签字及日期。
（2）本考点案例分析题的命题方式举例如下：
1）针对××事件，分别写出工程竣工资料在修改以及使用复印件的正确做法。
2）根据背景资料找出不妥之处并写出正确做法。

2. 工程资料分类

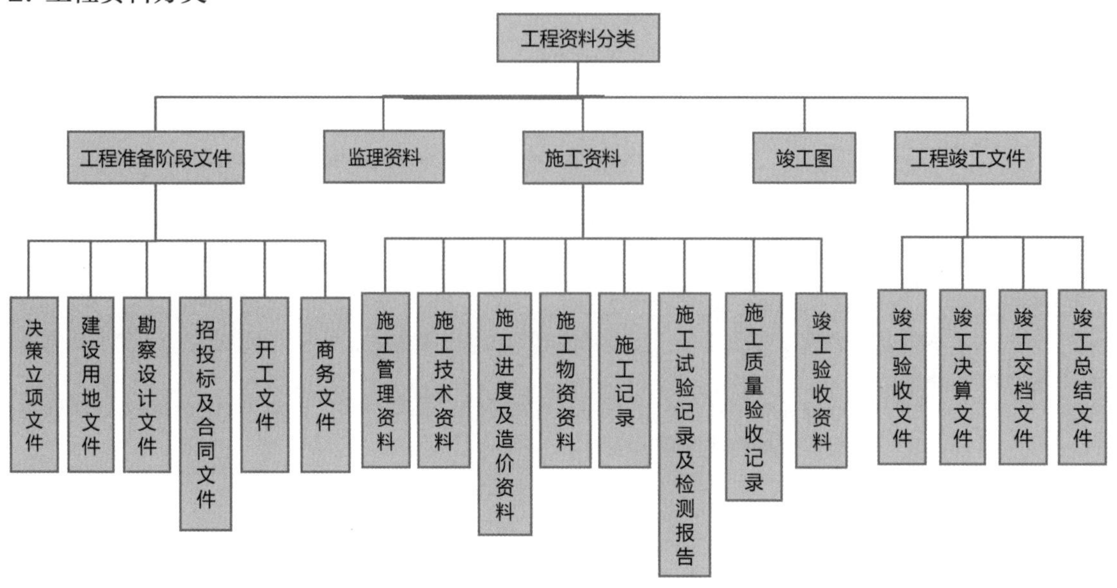

图 1A427000-2　工程资料分类

3. 工程资料移交与归档

工程资料移交与归档　　表 1A427000-1

项目	内容
资料移交	（1）施工单位应向建设单位移交施工资料。 （2）实行施工总承包的，各专业承包单位应向施工总承包单位移交施工资料。 （3）监理单位应向建设单位移交监理资料。 （4）建设单位应按国家有关法规和标准规定向城建档案管理部门移交工程档案，并办理相关手续
资料保存期限	当无规定时，不宜少于 5 年

（1）有条件时，向城建档案管理部门移交的工程档案应为原件。
（2）本考点案例分析题的命题方式举例：×× 工程承包单位的工程资料移交程序是否正确？各相关单位的工程资料移交程序是哪些？

【考点 2】主体结构工程质量验收（☆☆☆☆）[16 年多选，17、20、21 年案例]

1. 主体结构包括的内容

主体结构工程一览表　　表 1A427000-2

子分部工程名称	分项工程
混凝土结构	模板，钢筋，混凝土，预应力，现浇结构，装配式结构
砌体结构	砖砌体，混凝土小型空心砌块砌体，石砌体，配筋砌体，填充墙砌体

续表

子分部工程名称	分项工程
钢结构	钢结构焊接，紧固件连接，钢零部件加工，钢构件组装及预拼装，单层钢结构安装，多层及高层钢结构安装，钢管结构安装，预应力钢索和膜结构，压型金属板，防腐涂料涂装，防火涂料涂装
钢管混凝土结构	构件现场拼装，构件安装，钢管焊接，构件连接，钢管内钢筋骨架，混凝土
型钢混凝土结构	型钢焊接，紧固件连接，型钢与钢筋连接，型钢构件组装及预拼装，型钢安装，模板，混凝土
铝合金结构	铝合金焊接，紧固件连接，铝合金零部件加工，铝合金构件组装，铝合金构件预拼装，铝合金框架结构安装，铝合金空间网格结构安装，铝合金面板，铝合金幕墙结构安装，防腐处理
木结构	方木与原木结构，胶合木结构，轻型木结构，木结构的防护

（1）这是多项选择题和案例分析题很好的采分点。

（2）本考点的命题方式举例如下：

1）属于主体结构分部的有（　　）。

2）主体结构混凝土子分部包含哪些分项工程？

2. 主体结构验收所需条件

主体结构验收所需条件　　表 1A427000-3

项目	内容
工程实体	（1）主体分部验收前，墙面上的施工孔洞须按规定镶堵密实，并作隐蔽工程验收记录。 （2）混凝土结构工程模板应拆除并对将表面清理干净，混凝土结构存在缺陷处应整改完成。 （3）楼层标高控制线应清楚弹出墨线，并做醒目标志。 （4）主体分部工程验收前，可完成样板间或样板单元的室内粉刷。 （5）主体分部工程施工中，质监站发出整改（停工）通知书要求整改的质量问题都已整改完成，完成报告书已送质监站归档
工程资料	（1）施工单位在主体工程完工之后对工程进行自检，确认工程质量符合有关法律、法规和工程建设强制性标准提供主体结构施工质量自评报告，该报告应由项目经理和施工单位负责人审核、签字、盖章。 （2）监理单位在主体结构工程完工后对工程全过程监理情况进行质量评价，提供主体工程质量评估报告，该报告应当由总监和监理单位有关负责人审核、签字、盖章

上表中只对重要考点进行展示，本考点易进行查漏补缺或找出不妥之处的形式进行考核，如：主体结构验收工程实体或工程资料还应具备哪些条件？

3. 结构实体检验组织

◆（1）结构实体检验应包括混凝土强度、钢筋保护层厚度、结构位置与尺寸偏差以及合同约定的项目；必要时可检验其他项目。

◆（2）结构实体检验应由监理单位组织施工单位实施，并见证实施过程。施工单位应制定结构实体检验专项方案，并经监理单位审核批准后实施。除结构位置与尺寸偏差外的结构实体检验项目，应由具有相应资质的检测机构完成。

◆（3）结构实体混凝土强度检验宜采用同条件养护试件方法；当未取得同条件养护试件强度或同条件养护试件强度不符合要求时，可采用回弹 – 取芯法进行检验。

本考点案例分析题的命题方式举例如下：

（1）说明混凝土结构实体检验管理的正确做法。该钻芯检验部位 C35 混凝土实体检验结论是什么？并说明理由。

（2）结构实体检验还应包含哪些检测项目？

4. 主体结构工程分部工程验收组织

◆分部工程应由总监理工程师（或建设单位项目负责人）组织施工单位项目负责人和项目技术负责人等进行验收。

◆设计单位项目负责人和施工单位技术、质量部门负责人应参加主体结构、节能分部工程的验收；地基与基础分部工程还应有勘察单位项目负责人参加。

◆参加验收的人员，除指定的人员必须参加验收外，允许其他相关人员共同参加验收。

本考点案例分析题的命题方式举例：结合背景资料，施工单位应参与结构验收的人员还有哪些？

【考点 3】装饰装修工程质量验收（☆☆☆☆）[15、17、19 年案例]

1. 分部分项工程划分

分部分项工程划分　　表 1A427000-4

子分部工程	分项工程
建筑地面	基层铺设，整体面层铺设，板块面层铺设，木、竹面层铺设
抹灰	一般抹灰，保温层薄抹灰，装饰抹灰，清水砌体勾缝
外墙防水	外墙砂浆防水，涂膜防水，透气膜防水
门窗	木门窗安装，金属门窗安装，塑料门窗安装，特种门安装，门窗玻璃安装
吊顶	整体面层吊顶，板块面层吊顶，格栅吊顶
轻质隔墙	板材隔墙，骨架隔墙，活动隔墙，玻璃隔墙
饰面板	石板安装，陶瓷板安装，木板安装，金属板安装，塑料板安装
饰面砖	外墙饰面砖粘贴，内墙饰面砖粘贴
幕墙	玻璃幕墙安装，金属幕墙安装，石材幕墙安装，人造板材幕墙安装
涂饰	水性涂料涂饰，溶剂型涂料涂饰，美术涂饰
裱糊与软包	裱糊、软包
细部	橱柜制作与安装，窗帘盒和窗台板制作与安装，门窗套制作与安装，护栏和扶手制作与安装，花饰制作与安装

这是案例分析题很好的采分点。命题方式举例：结合背景资料门窗子分部工程中还包括哪些分项工程？

2. 检验批划分

◆建筑装饰装修工程的检验批可根据施工及质量控制和验收需要按楼层、施工段、变形缝等进行划分。
◆一般按楼层划分检验批，对于工程量较少的分项工程可统一划分为一个检验批。

这是案例分析题很好的采分点。命题方式举例：结合背景资料指出检验批划分的条件还有哪些?

3. 各子分部工程有关安全和功能检测项目一览表

各子分部工程有关安全和功能检测项目一览表　表 1A427000-5

子分部工程	检测项目
门窗工程	建筑外窗的气密性能、水密性能和抗风压性能
饰面板（砖）工程	（1）饰面板后置埋件的现场拉拔力。 （2）外墙饰面砖样板及工程的饰面砖粘结强度
幕墙工程	（1）硅酮结构胶的相容性和剥离粘结性。 （2）幕墙后置埋件和槽式预埋件的现场拉拔力。 （3）幕墙的气密性、水密性、耐风压性能及层间变形性能

这是案例分析题很好的采分点。命题方式举例如下：
（1）门窗工程有关安全和功能检测的项目还有哪些?
（2）幕墙工程中有关安全和功能的检测项目有哪些?

【考点 4】单位工程竣工验收（☆☆☆）[20 年单选，22 年案例]

1. 单位工程竣工验收程序与合格标准

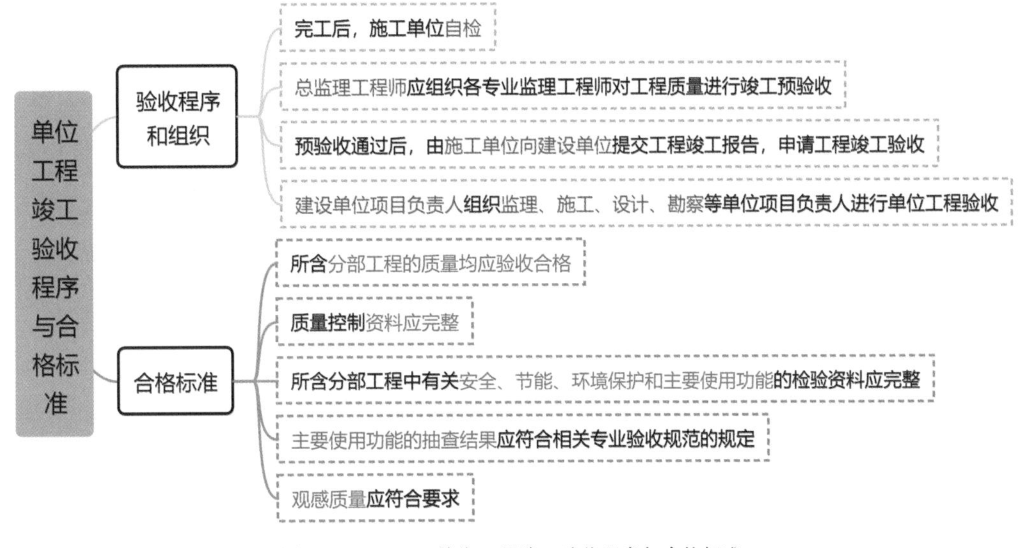

图 1A427000-3　单位工程竣工验收程序与合格标准

本考点的命题方式举例如下：

（1）单位工程验收时的项目组织负责人是（　　）。

（2）可能会选择其中几项来分析判断其组织与程序是否正确。

（3）单位工程质量验收合格的标准要求有哪些？

2. 单位工程验收不合格处理

单位工程验收不合格处理　　表 1A427000-6

质量验收不符合要求的情形	处理方式
工程质量控制资料部分缺失	应委托有资质的检测机构按有关标准进行相应的实体检验或抽样试验
经返修或加固处理仍不能满足安全或重要使用要求的分部工程及单位工程	严禁验收

本考点是案例分析题很好的采分点。命题方式举例：工程质量控制资料部分缺失的处理方式是什么？

1A430000 建筑工程项目施工相关法规与标准

1A431000 建筑工程相关法规

1A431010 建筑工程建设相关法规

【考点 1】城市建设归档文件质量要求

◆归档的纸质工程文件应为原件。
◆工程文件中文字材料幅面尺寸规格宜为 A4 幅面，图纸宜采用国家标准图幅。
◆所有竣工图均应加盖竣工图章。
◆归档的建设工程电子文件应采用电子签名等手段，所载内容应真实和可靠，内容必须与其纸质档案一致。

本考点可以多项选择题或案例分析题的形式进行命题。案例分析题的命题方式为根据背景资料找出不妥之处或简答式的提问。

【考点 2】民用建筑节能管理规定（☆☆☆）[13、16 年单选]

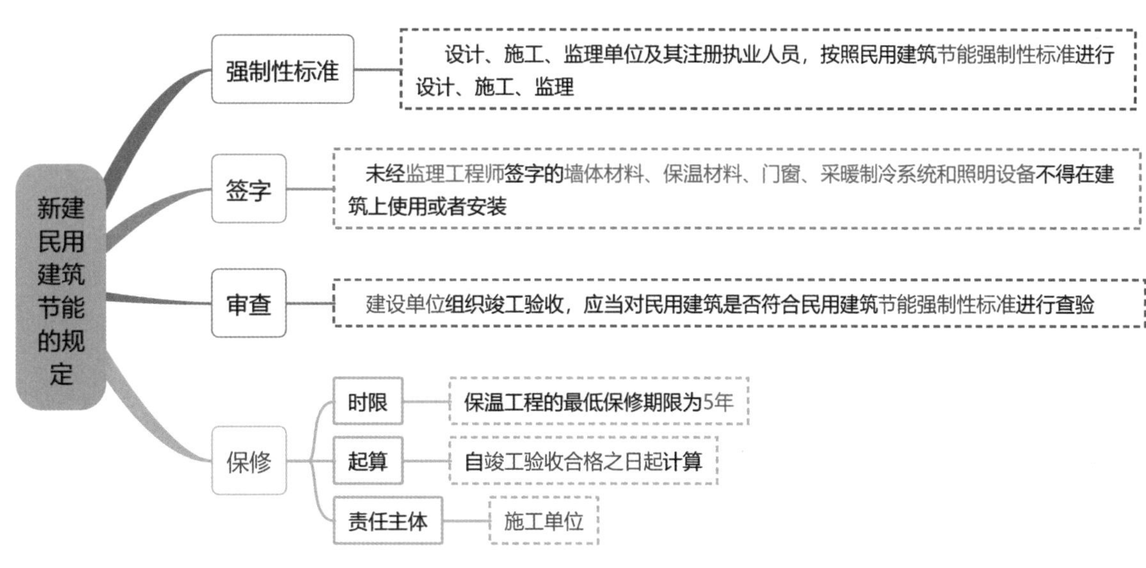

图 1A431010–1　新建民用建筑节能的规定

（1）这是单项选择题的采分点，同样也可以是案例分析题很好的采分点。
（2）上述涉及的主体及时限要能够熟练掌握。
（3）本考点选择题的命题方式举例如下：
1）按新建民用建筑节能管理的要求，可不进行节能性能查验的材料或设备是（　　）。
2）正常使用条件下，节能保温工程的最低保修期限为（　　）年。

1A431020 施工安全生产及施工现场管理相关法规

【考点1】工程建设生产安全事故处理的有关规定（☆☆☆☆）[15、19年单选，15、17年案例]

1. 事故报告原则

及时准确并完整；迟漏谎瞒不可行。

◆事故报告应当及时、准确、完整。
◆任何单位和个人对事故不得迟报、漏报、谎报或者瞒报。

本考点可能会以案例分析题的形式进行考核。

2. 事故调查

事故调查　　表 1A431020-1

项目	内容
调查主体	（1）特别重大事故由国务院或者国务院授权有关部门组织事故调查组进行调查。 （2）重大事故、较大事故、一般事故分别由事故发生地省级人民政府、设区的市级人民政府、县级人民政府负责调查。 （3）未造成人员伤亡的一般事故，县级人民政府也可以委托事故发生单位组织事故调查组进行调查
调查组的组成	事故调查组由有关人民政府、安全生产监督管理部门、负有安全生产监督管理职责的有关部门、监察机关、公安机关以及工会派人组成，并应当邀请人民检察院派人参加
提交调查报告的期限	应当自事故发生之日起60d内提交事故调查报告；特殊情况下，经负责事故调查的人民政府批准，可以适当延长，但延长的期限最长不超过60d

关于事故调查组的组成于2015年和2017年均以案例分析题形式进行的考核，可见其重要程度。

3. 事故处理

◆重大事故、较大事故、一般事故，负责事故调查的人民政府应当自收到事故调查报告之日起15d内做出批复；特别重大事故，30d内做出批复。
◆事故发生单位应当按照负责事故调查的人民政府的批复，对本单位负有事故责任的人员进行处理。

特殊情况下，批复时间可以适当延长，但延长的时间最长不超过30d。

【考点2】危险性较大的分部分项工程安全管理的有关规定（☆☆☆☆）[14、21年多选，19年案例]

1. 超过一定规模的危险性较大的分部分项工程的范围

◆深基坑工程（开挖深度超过5m（含5m））。
◆模板工程及支撑体系（搭设高度8m，18m）。
◆起重吊装及起重机械安装拆卸工程（起重量100kN，300kN）。
◆脚手架工程。
◆拆除、爆破工程。
◆暗挖工程。
◆其他。

（1）超过一定规模的危险性较大的分部分项工程的范围主要包括上述几个工程，各工程的具体要求（涉及数值考核的要点）见考试用书。
（2）本考点易进行多项选择题形式的考核，命题方式举例如下：
1）需要进行专家论证的危险性较大的分部分项工程有（　　）。
2）下列分部分项工程中，其专项施工方案必须进行专家论证的有（　　）。

2. 危大工程专项施工方案的编制与审批

危大工程专项施工方案的编制与审批 表1A431020-2

项目	内容
编制单位	施工单位应当在危大工程施工前组织工程技术人员编制专项施工方案。 实行施工总承包的，专项施工方案应当由施工总承包单位组织编制
审批流程	专项施工方案应当由施工单位技术负责人审核签字、加盖单位公章，并由总监理工程师审查签字、加盖执业印章后方可实施

关于本考点的考核可能会给出具体事件，让考生指出事件中的不妥之处并写出正确做法的形式进行案例分析题的考核。

3. 专家论证

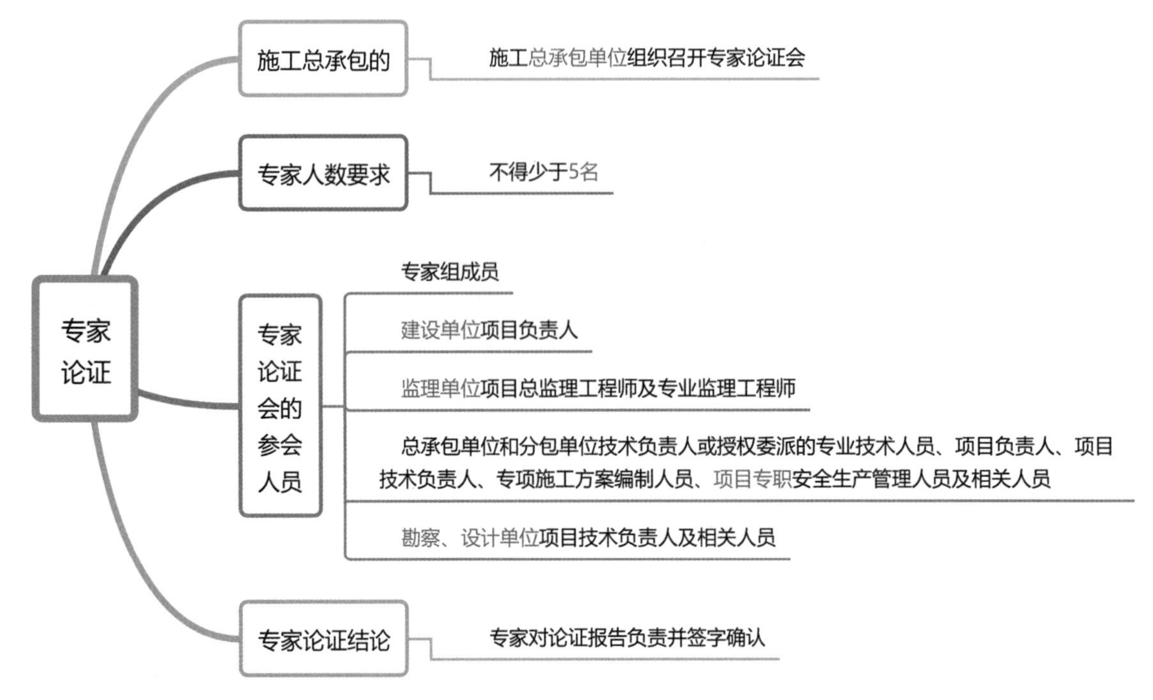

图 1A431020-1 专家论证

（1）与本工程有利害关系的人员不得以专家身份参加专家论证会。

（2）这是案例分析题很好的采分点。命题方式举例：指出基坑支护专项方案论证的不妥之处。应参加专家论证会的单位还有哪些？

1A432000 建筑工程相关技术标准

1A432010 安全防火及室内环境污染控制相关规定

【考点 1】民用建筑装饰装修防火设计的有关规定（☆☆☆☆☆）[15、17、19、20、21 年单选，22 年案例]

1. 装修材料按其燃烧性能的分级

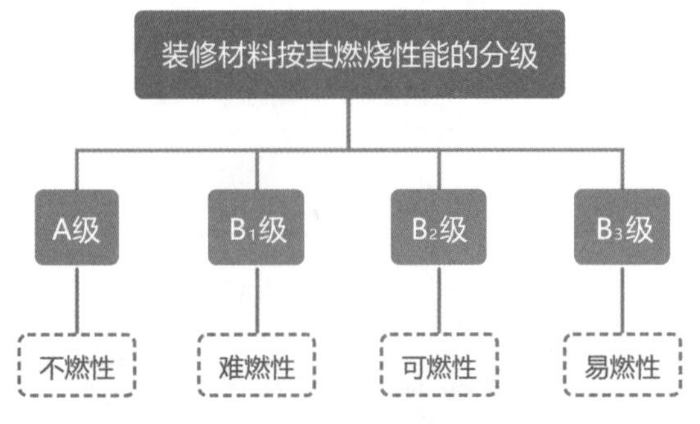

图 1A432010-1 装修材料按其燃烧性能的分级

（1）本考点为高频考点，且单项选择题和案例题的形式都有涉及。

（2）本考点命题形式举例如下：

1）燃烧性能等级为 B_1 级的装修材料其燃烧性能为（　　）。

2）根据背景资料改正其中燃烧性能不符合要求部位的错误做法。

3）装饰材料性能分几个等级？并分别写出代表含义（如 A -不燃）。

2. 特别场所

◆地上建筑的水平疏散走道和安全出口的门厅，其顶棚应采用 A 级装修材料，其他部位应采用不低于 B_1 级装修材料。

◆疏散楼梯间和前室的顶棚、墙面和地面均应采用 A 级装修材料。

◆消防控制室等重要房间，其顶棚和墙面应采用 A 级装修材料，地面及其他装修应采用不低于 B_1 级的装修材料。

◆建筑物内的厨房，其顶棚、墙面、地面均应采用 A 级装修材料。

◆展览性场所装修设计：展台材料应采用不低于 B_1 级的装修材料。

◆住宅建筑装修设计：不应改动住宅内部烟道、风道；厨房内的固定橱柜宜采用不低于 B_1 级的装修材料；卫生间顶棚宜采用 A 级装修材料；阳台装修宜采用不低于 B_1 级的装修材料。

（1）本考点易将适用 A 级材料与 B_1 级装修材料的部位互为干扰选项进行考核。

（2）本考点的命题方式举例如下：

1）装修材料必须采用燃烧性能 A 级的部位是（　　）。

2）疏散楼梯前室顶棚的装修材料燃烧性能等级应是（　　）。

3）关于室内装饰装修材料使用的说法，符合《建筑内部装修设计防火规范》规定的是（　　）。

3. 民用建筑

单层、多层民用建筑内部各部位装修材料的燃烧性能等级，结合辅导用书的表进行掌握。

本考点单项选择题和案例题的形式都有涉及，要重点掌握医院、教学场所与住宅装修材料的燃烧性能等级。

【考点 2】民用建筑工程室内环境污染控制管理的有关规定（☆☆☆☆☆）[19 年单选，20 年多选，13、17、22 年案例]

1. 民用建筑的分类

民用建筑的分类　　表 1A432010-1

Ⅰ类民用建筑工程	Ⅱ类民用建筑工程
住宅、居住功能公寓、医院病房、老年人照料房屋设施、幼儿园、学校教室、学生宿舍等	办公楼、商店、旅馆、文化娱乐场所、书店、图书馆、展览馆、体育馆、公共交通等候室、餐厅等

（1）Ⅰ类民用建筑工程和Ⅱ类民用建筑工程要能够进行熟练区分。

（2）这是多项选择题的采分点，当然也可能会以案例分析题的形式进行简答式的命题。

（3）本考点的命题方式举例如下：

1）根据控制室内环境的不同要求，属于Ⅰ类民用建筑工程的有（　　）。

2）根据控制室内环境污染的不同要求，该建筑属于几类民用建筑工程？

3）某类民用建筑工程都有哪些？

2. 民用建筑工程室内环境的验收

◆民用建筑工程及室内装修工程的室内环境质量验收，应在工程完工至少7d以后、工程交付使用前进行。
◆民用建筑工程验收时，应抽检每个建筑单体有代表性的房间室内环境污染物浓度，氡、甲醛、氨、苯、甲苯、二甲苯、TVOC的抽检量不得少于房间总数的5%，每个建筑单体不得少于3间，当房间总数少于3间时，应全数检测。
◆当房间内有2个及以上检测点时，应采用对角线、斜线、梅花状均衡布点，并取各点检测结果的平均值作为该房间的检测值。

本考点是案例分析题的采分点，其命题方式易为根据背景资料找出不妥之处并写出正确做法。如：背景资料中项目部对检测时间提出异议是否正确？并说明理由。

3. 民用建筑工程室内环境污染物浓度限量

民用建筑工程室内环境污染物浓度限量　　表1A432010-2

污染物	Ⅰ类民用建筑	Ⅱ类民用建筑
氡（Bq/m^3）	≤150	≤150
甲醛（mg/m^3）	≤0.07	≤0.08
氨（mg/m^3）	≤0.15	≤0.20
苯（mg/m^3）	≤0.06	≤0.09
甲苯（mg/m^3）	≤0.15	≤0.20
二甲苯（mg/m^3）	≤0.20	≤0.20
TVOC（mg/m^3）	≤0.45	≤0.50

这是案例分析题很好的采分点且易重复进行考核。本考点的案例分析题的命题方式举例如下：

（1）针对××工程，室内环境污染物浓度检测还应包括哪些项目？

（2）背景资料中污染物浓度是否符合要求？应检测的污染物还有哪些？

4. 室内环境污染物浓度检测点数设置

室内环境污染物浓度检测点数设置　表 1A432010-3

房间使用面积（m^2）	检测点数（个）
< 50	1
≥ 50、< 100	2
≥ 100、< 500	不少于 3
≥ 500、< 1000	不少于 5
≥ 1000	≥ 1000m^2 的部分，每增加 1000m^2 增设 1，增加面积不足 1000m^2 时按增加 1000m^2 计算

这是案例分析题很好的采分点。本考点的案例分析题的命题方式举例：结合背景资料写出建筑工程室内环境污染物浓度检测抽检量要求。标准客房抽样数量是否符合要求？

1A432020 地基基础工程相关标准

【考点 1】地基基础工程施工质量管理的有关规定（☆☆☆）[19 年单选，20 年多选]

1. 地基

地基　表 1A432020-1

类型	检查
强夯地基	（1）施工前应检查夯锤重量、尺寸、落距控制手段、排水设施及被夯地基的土质。 （2）施工中应检查夯锤落距、夯点位置、夯击范围、夯击击数、夯击遍数、每击夯沉量、最后两击的平均夯沉量、总夯沉量和夯点施工起止时间等。 （3）施工结束后，应进行地基承载力、地基土的强度、变形指标及其他设计要求指标检验
预压地基	（1）施工前应检查施工监测措施和监测初始数据、排水设施和竖向排水体等。 （2）施工中应检查堆载高度、变形速率，真空预压施工时应检查密封膜的密封性能、真空表读数等。 （3）施工结束后，应进行地基承载力与地基土强度和变形指标检验
水泥土搅拌桩复合地基	（1）施工前应检查水泥及外掺剂的质量、桩位、搅拌机工作性能，并应对各种计量设备进行检定或校准。 （2）施工中应检查机头提升速度、水泥浆或水泥注入量、搅拌桩的长度及标高。 （3）施工结束后，应检查桩体强度、桩体直径及单桩与复合地基承载力

本考点的命题方式多为：关于 ×× 的说法，正确 / 错误的是（　　）。

2. 桩基础

这是多项选择题很好的采分点。

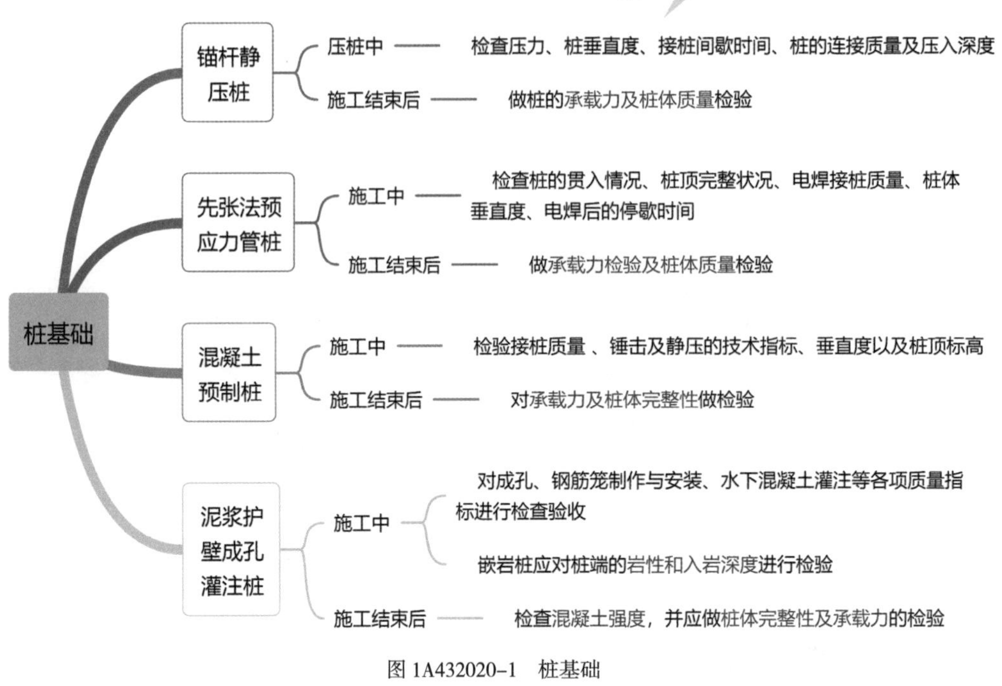

图 1A432020-1 桩基础

3. 土方工程

土方工程 表 1A432020-2

项目	内容
土方开挖	“开槽支撑，先撑后挖，分层开挖，严禁超挖”的原则
土方回填	（1）回填料应确定回填料含水量控制范围、铺土厚度、压实遍数等施工参数。 （2）施工中应检查排水系统、每层填筑厚度、辗迹重叠程度、含水量控制、回填土有机质含量、压实系数等。 （3）当采用分层回填时，应在下层的压实系数经试验合格后进行上层施工。 （4）填筑厚度及压实遍数应根据土质、压实系数及压实机具确定

本考点的命题方式多为：关于 ×× 的说法，正确 / 错误的是（　　）。

【考点 2】地下防水工程质量管理的有关规定（☆☆☆）[14、17 年案例]

1. 地下工程防水等级标准

地下工程防水等级标准 表 1A432020-3

防水等级	标准
一级	不允许渗水，结构表面无湿渍

续表

防水等级	标准
二级	不允许漏水，结构表面可有少量湿渍。 房屋建筑地下工程：总湿渍面积不应大于总防水面积（包括顶板、墙面、地面）的 1/1000；任意 100m² 防水面积上的湿渍不超过 2 处，单个湿渍最大面积不大于 0.1m²。 其他地下工程：总湿渍面积不应大于总防水面积的 2/1000，任意 100m² 防水面积上的湿渍不超过 3 处，单个湿渍最大面积不大于 0.2m²；其中隧道工程平均渗水量不大于 0.05L/（m²·d），任意 100m² 防水面积的渗水量不大于 0.15L/（m²·d）
三级	有少量漏水点，不得有线流和漏泥砂。 任意 100m² 防水面积上的漏水或湿渍点数不超过 7 处，单个漏水点的最大漏水量不大于 2.5L/d，单个湿渍最大面积不大于 0.3m²
四级	有漏水点，不得有线流和漏泥砂。 整个工程平均漏水量不大于 2L/(m²·d)；任意 100m² 防水面积的平均漏水量不大于 4L/(m²·d)

本考点是案例分析题的采分点，命题方式举例：×× 事件中，地下工程防水分为几个等级？一级防水的标准是什么？

2. 主体结构防水工程

主体结构防水工程 表 1A432020-4

项目	内容
防水混凝土	（1）水泥宜选用普通硅酸盐水泥或硅酸盐水泥。 （2）不得使用过期或受潮结块的水泥，不得将不同品种或强度等级的水泥混合使用。 （3）砂宜用中粗砂。 （4）不宜使用海砂。 （5）防水混凝土的抗压强度和抗渗性能必须符合设计要求，防水混凝土结构的变形缝、施工缝、后浇带、穿墙管道、埋设件等设置和构造必须符合设计要求
水泥砂浆防水层	（1）水泥应使用普通硅酸盐水泥、硅酸盐水泥或特种水泥，不准使用过期和受潮结块的水泥。 （2）砂宜采用中砂，含泥量不应大于 1%，硫化物和硫酸盐含量不应大于 1%。 （3）水泥砂浆防水层的基层表面的孔洞、缝隙，应采用与防水层相同的水泥砂浆堵塞并抹平。 （4）水泥砂浆终凝后应及时进行养护，养护温度不宜低于 5℃，并保持砂浆表面湿润，养护时间不得少于 14d；聚合物水泥砂浆未达到硬化状态时，不得浇水养护或直接受雨水冲刷，硬化后应采用干湿交替的养护方法
卷材防水层	（1）卷材防水层适用于受侵蚀性介质作用或受振动作用的地下工程，卷材防水层应铺设在主体结构的迎水面。 （2）自粘法铺贴卷材时，应将有黏性的一面朝向主体结构
涂料防水层	（1）涂料应分层涂刷或喷涂。 （2）采用有机防水涂料时，基层阴阳角处应做成圆弧；在转角处、变形缝、施工缝、穿墙管等部位应增加胎体增强材料和增涂防水层，宽度不应小于 500mm

（1）要注意上述涉及“不得”“不宜”等的限定词，其常以反向表述作为干扰选项进行考核。

（2）本考点是案例分析题的采分点，命题方式举例如下：

1）防水混凝土验收时，需要检查哪些部位的设置和构造做法?

2）写出 ×× 项目部对地下室水泥砂浆防水层施工技术要求的不妥之处，并分别说明理由 / 写出正确做法。

【考点 3】基坑支护技术的有关规定（☆☆☆）[20 年单选]

1. 支护结构选型

支护结构选型　表 1A432020–5

结构形式	适用条件
排桩或地下连续墙	（1）适用于基坑侧壁安全等级一、二、三级。 （2）悬臂式结构在软土场地中不宜大于 5m。 （3）当地下水位高于基坑底面时，宜采用降水、排桩加截水帷幕或地下连续墙
水泥土墙	（1）适用于基坑侧壁安全等级宜为二、三级。 （2）水泥土桩施工范围内地基土承载力不宜大于 150kPa。 （3）用于淤泥质土基坑时，基坑深度不宜大于 6m
土钉墙	（1）基坑侧壁安全等级宜为二、三级的非软土场地。 （2）基坑深度不宜大于 12m。 （3）当地下水位高于基坑底面时，应采取降水或截水措施
逆作拱墙	（1）基坑侧壁安全等级宜为二、三级。 （2）淤泥和淤泥质土场地不宜采用。 （3）拱墙轴线的矢跨比不宜小于 1/8。 （4）基坑深度不宜大于 12m。 （5）地下水位高于基坑底面时，应采取降水或截水措施
原状土放坡	（1）基坑侧壁安全等级宜为三级。 （2）施工场地应满足放坡条件。 （3）可独立或与上述其他结构结合使用。 （4）当地下水位高于坡脚时，应采取降水措施

（1）本考点选择题的考核形式通常会给出具体条件来判断其属于哪一结构形式。

（2）本考点若进行案例分析题形式的考核，则可能给出某一结构形式，问其适用条件有哪些。

2. 地下水控制

地下水控制方法适用条件　表 1A432020–6

方法名称		土类	渗透系数（m/d）	降水深度（m）	水文地质特征
降水	真空井点	粉土、黏性土、砂土	0.005 ~ 20.0	单级 < 6 多级 < 20	上层滞水或水量不大的潜水
	喷射井点		0.005 ~ 20.0	< 20	
	管井井点	粉土、砂土、碎石土	0.1 ~ 200.0	不限	含水丰富的潜水、承压水

（1）当因降水而危及基坑及周边环境安全时，宜采用截水方法。

（2）当基坑侧壁出现分层渗水时，可按不同高程设置导水管、导水沟等构成明排系统；当基坑侧壁渗水量较大或不能分层明排时，宜采用导水降水方法。

（3）当地下含水层渗透性较强，厚度较大时，可采用悬挂式竖向截水与坑内井点降水相结合或采用悬挂式竖向截水与水平封底相结合的方案。

（4）本考点是选择题和案例分析题很好的采分点。案例分析题可能会结合降水方法的图形进行考核。

（5）真空井点、喷射井点与管井井点的图例如下图所示。

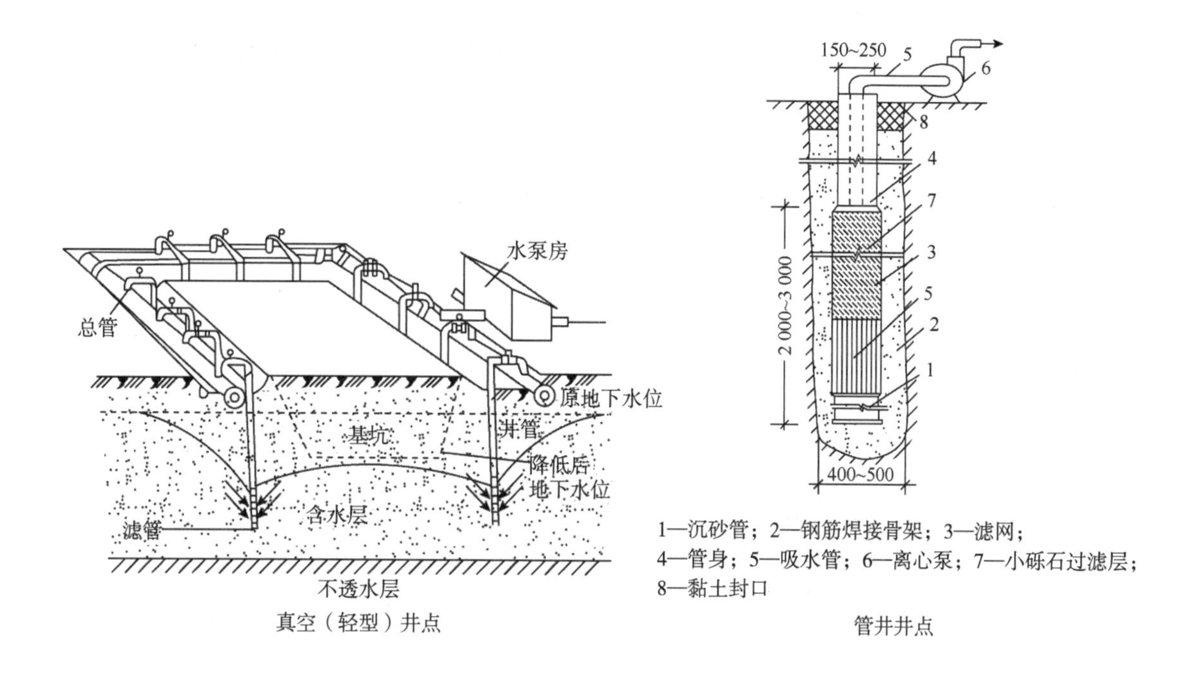

真空（轻型）井点

1—沉砂管；2—钢筋焊接骨架；3—滤网；
4—管身；5—吸水管；6—离心泵；7—小砾石过滤层；
8—黏土封口

管井井点

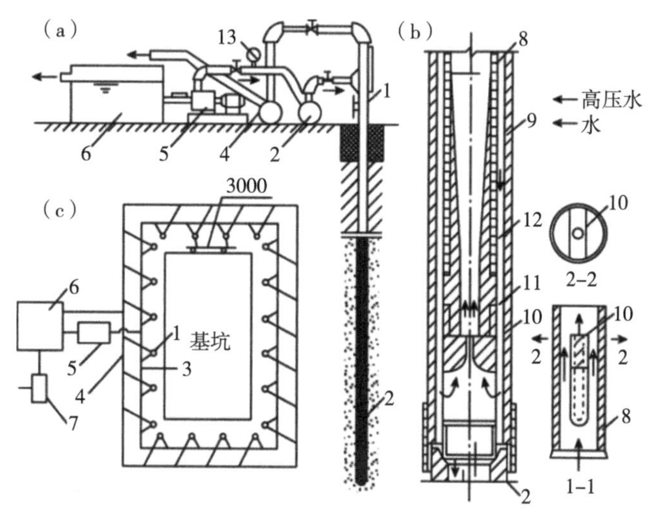

（a）喷射井点设备简图；（b）喷射扬水器详图；（c）喷射井点平面布置图

1—喷射井管；2—滤管；3—进水总管；4—排水总管；5—高压水泵；6—积水池；
7—水泵；8—内管；9—外管；10—喷嘴；11—混合室；12—扩散室；13—压力表

喷射井点

图 1A432020-2　真空井点、喷射井点与管井井点的图例

1A432030 主体结构工程相关标准

【考点 1】砌体结构工程施工质量管理的有关规定（☆☆☆）[14 年单选，16、21 年案例]

1. 砌体结构工程施工质量管理的基本规定

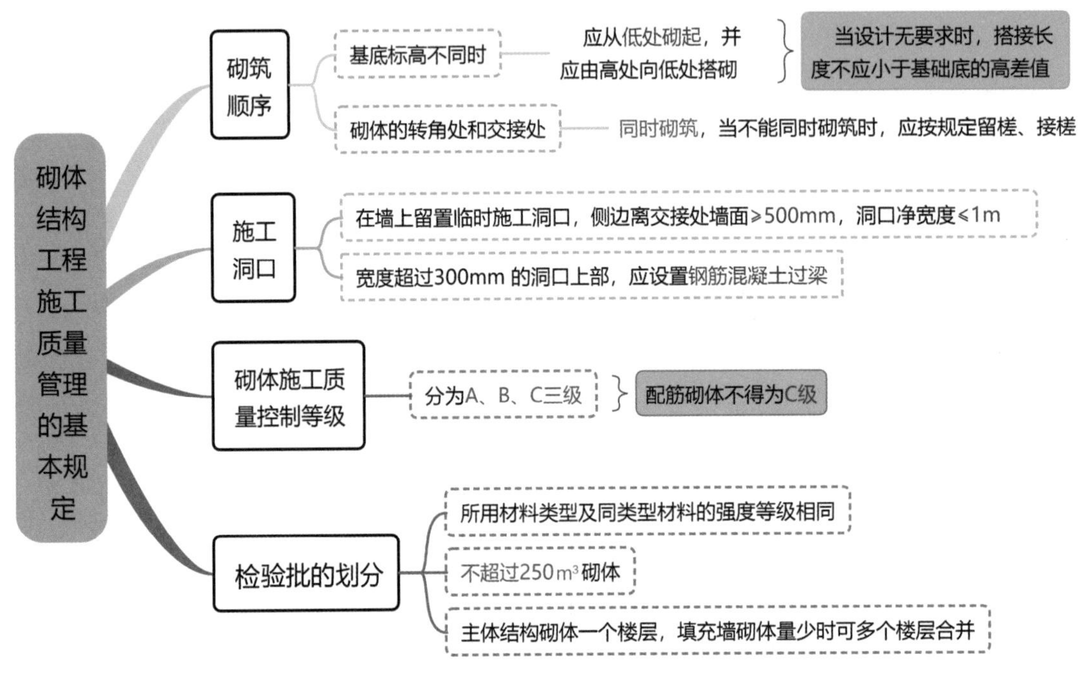

图 1A432030-1　砌体结构工程施工质量管理的基本规定

本考点虽非必考点，但可考点较多，选择题和案例分析题的形式均可能会涉及，要掌握上述关键点。

2. 砖砌体工程

砖砌体工程　　表 1A432030-1

项目	内容
一般规定	（1）砌筑砖砌体时，砖应提前 1 ~ 2d 适度湿润。 （2）严禁使用干砖或吸水饱和状态的砖砌筑。 （3）多孔砖的孔洞应垂直于受压面砌筑。 （4）半盲孔多孔砖的封底面应朝上砌筑
主控项目	（1）砖砌体的转角处和交接处应同时砌筑，严禁无可靠措施的内外墙分砌施工。 （2）在抗震设防烈度为 8 度及 8 度以上地区，对不能同时砌筑而又必须留置的临时间断处应砌成斜槎，普通砖砌体斜槎水平投影长度不应小于高度的 2/3，多孔砖砌体的斜槎长高比不应小于 1/2
一般项目	砖砌体组砌方法应正确，上、下错缝，内外搭砌，砖柱不得采用包心砌法

（1）要注意上述涉及“严禁”“不得”“不应”等的限定词，其常以反向表述作为干扰进行考核。
（2）本考点可以是选择题和案例分析题很好的采分点。
（3）本考点选择题的命题形式举例：关于 ×× 的说法，正确的是（　　）。

3. 混凝土小型空心砌块砌体工程

混凝土小型空心砌块砌体工程　　表 1A432030-2

项目	内容
一般规定	（1）施工时所用的小砌块的产品龄期不应小于 28d。 （2）底层室内地面以下或防潮层以下的砌体，应采用强度等级不低于 C20（或 Cb20）的混凝土灌实小砌块的孔洞。 （3）小砌块表面有浮水时，不得施工。 （4）小砌块墙体应孔对孔、肋对肋错缝搭砌。 （5）单排孔小砌块的搭接长度应为块体长度的 1/2；多排孔小砌块的搭接长度可适当调整，但不宜小于小砌块长度的 1/3，且不应小于 90mm。 （6）芯柱混凝土宜选用专用小砌块灌孔混凝土
主控项目	（1）砌体水平灰缝和竖向灰缝的砂浆饱满度，应按净面积计算不得低于 90%；竖缝凹槽部位应用砌筑砂浆填实；不得出现瞎缝、透明缝。 （2）墙体转角处和纵横墙交接处应同时砌筑

本考点案例分析题的命题方式易为：针对背景资料中混凝土小型空心砌块砌体施工的不妥之处，写出相应的正确做法。

4. 填充墙砌体工程

填充墙砌体工程　　表 1A432030-3

项目	内容
一般规定	（1）砌筑填充墙时，轻骨料混凝土小型空心砌块和蒸压加气混凝土砌块的产品龄期不应小于 28d，蒸压加气混凝土砌块的含水率宜小于 30%。 （2）采用普通砌筑砂浆砌筑填充墙时，烧结空心砖、吸水率较大的轻骨料混凝土小型空心砌块应提前 1 ~ 2d 浇（喷）水湿润
主控项目	（1）填充墙砌体应与主体结构可靠连接，其连接构造应符合设计要求，未经设计同意，不得随意改变连接构造方法。 （2）当填充墙与承重墙、柱、梁的连接钢筋采用化学植筋时，应进行实体检测
一般项目	（1）砌筑填充墙时应错缝搭砌，蒸压加气混凝土砌块搭砌长度不应小于砌块长度的 1/3；轻骨料混凝土小型空心砌块搭砌长度不应小于 90mm；竖向通缝不应大于 2 皮。 （2）烧结空心砖、轻骨料混凝土小型空心砌块砌体的灰缝应为 8 ~ 12mm。蒸压加气混凝土砌块砌体采用水泥砂浆、水泥混合砂浆或蒸压加气混凝土砌块砌筑砂浆时，水平灰缝厚度和竖向灰缝宽度不应超过 15mm。 （3）填充墙砌筑砂浆的灰缝饱满度均应不小于 80%，且空心砖砌块竖缝应填满砂浆，不得有透明缝、瞎缝、假缝

（1）本考点可以是选择题和案例分析题很好的采分点。
（2）要注意上述涉及的几处“不得”“不应”等词，就是命题的干扰项。
（3）本考点选择题的命题形式举例：关于 ×× 的说法，正确的是（　　）。
（4）本考点案例分析题的命题方式多为根据背景资料找出不妥之处或简答式的提问，举例如下：
1）蒸压加气混凝土砌块使用时的要求龄期和含水率应是多少？写出水泥砂浆砌筑蒸压加气混凝土砌块的灰缝质量要求。
2）针对背景资料中填充墙砌体施工的不妥之处，写出相应的正确做法。

【考点 2】混凝土结构工程施工质量管理的有关规定（☆☆☆）[16 年单选]

1. 钢筋分项工程

钢筋分项工程　　表 1A432030-4

项目	内容
原材料	主控项目：钢筋进场时，抽取试件作屈服强度、抗拉强度、伸长率、弯曲性能和重量偏差检验（成型钢筋不检验弯曲性能）
	一般项目：钢筋应平直、无损伤，表面不得有裂纹、油污、颗粒状或片状老锈
钢筋加工	钢筋弯折的弯弧内直径应符合下列规定： （1）光圆钢筋，不应小于钢筋直径的 2.5 倍； （2）335MPa 级、400MPa 级带肋钢筋，不应小于钢筋直径的 4 倍； （3）500MPa 级带肋钢筋，当直径为 28mm 以下时不应小于钢筋直径的 6 倍，当直径为 28mm 及以上时不应小于钢筋直径的 7 倍； （4）箍筋弯折处尚不应小于纵向受力钢筋的直径

（1）本考点可能会以案例分析题的形式进行考核，要注意原材料中主控项目和一般项目的区分。
（2）关于原材料的考核易为查漏补缺的形式，如：×× 事件中，施工单位对进场的钢筋还应做哪些现场质量验证工作？
（3）关于钢筋加工的命题方式可以为找出 ×× 事件中的不妥之处并写出正确的做法。

2. 混凝土结构子分部工程

本考点是案例分析题很好的采分点。

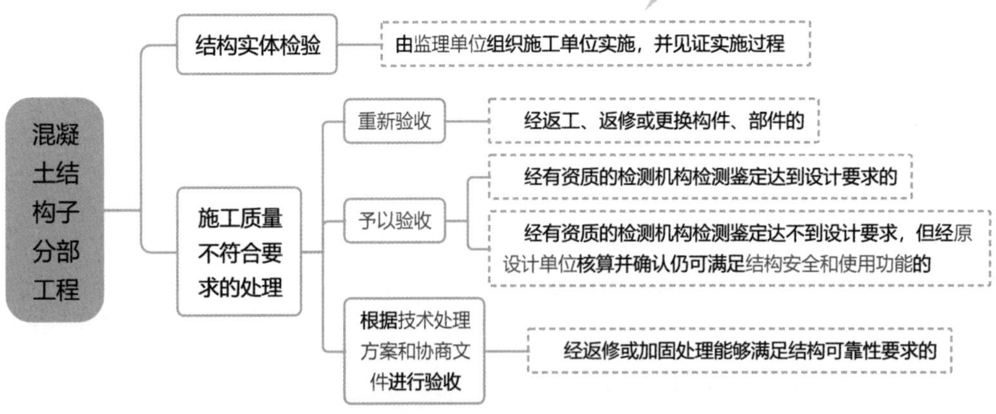

图 1A432030-2　混凝土结构子分部工程

【考点 3】装配式建筑技术标准有关的规定（☆☆☆☆）[22 年多选，18、20 年案例]

1. 应当进行隐蔽工程验收的内容

本考点案例分析题的命题方式为：根据背景资料补充叠合构件钢筋工程需进行隐蔽工程验收的内容。

> 装配式混凝土结构连接节点及叠合构件浇筑混凝土前，应进行隐蔽工程验收，包括下列主要内容：
> ◆混凝土粗糙面的质量，键槽的尺寸、数量、位置。
> ◆钢筋的牌号、规格、数量、位置、间距、箍筋弯钩的弯折角度及平直段长度。
> ◆钢筋的连接方式、接头位置、接头数量、接头面积百分率、搭接长度、锚固方式及锚固长度。
> ◆预埋件、预留管线的规格、数量、位置。
> ◆预制混凝土构件接缝处防水、防火等构造做法。
> ◆保温及其节点施工。

2. 混凝土预制构件安装与连接的主控项目要求

> ◆钢筋采用套筒灌浆连接、浆锚搭接连接时，灌浆应饱满、密实，所有出口均应出浆。
> ◆钢筋套筒灌浆连接及浆锚搭接连接的灌浆料强度应符合标准的规定和设计要求。每工作班应制作 1 组且每层不应少于 3 组 40mm × 40mm × 160mm 的长方体试件，标养 28d 后进行抗压强度试验。
> ◆预制构件底部接缝坐浆强度应满足设计要求。每工作班同一配合比应制作 1 组且每层不应少于 3 组边长为 70.7mm 的立方体试件，标养 28d 后进行抗压强度试验。
> ◆外墙板接缝的防水性能应符合设计要求。每 1000m^2 外墙（含窗）面积应划分为一个检验批，不足 1000m^2 时也应划分为一个检验批；每个检验批应至少抽查一处，抽查部位应为相邻两层四块墙板形成的水平和竖向十字接缝区域，面积不得少于 10m^2，进行现场淋水试验。

（1）本考点考核频次较高，且多项选择题和案例题的形式都有涉及。
（2）本考点的命题方式举例如下：
1）混凝土预制构件钢筋套筒灌浆连接的灌浆料强度试件要求有（　　）。
2）装配式混凝土构件钢筋套筒连接灌浆质量要求有哪些？

1A432040 屋面及装饰装修工程相关标准

【考点 1】屋面工程质量管理的有关规定（☆☆☆）[19、21 年案例]

1. 基层与保护工程

> ◆基层与保护工程各分项工程每个检验批的抽检数量，应按屋面面积每 100m^2 抽查 1 处，每处应为 10m^2，且不得少于 3 处。
> ◆找坡层宜采用轻骨料混凝土，找平层宜采用水泥砂浆或细石混凝土。
> ◆隔汽层采用卷材时宜空铺，卷材搭接缝应满粘，其搭接宽度不应小于 80mm；采用涂料时，应涂刷均匀。
> ◆块体材料、水泥砂浆或细石混凝土保护层与卷材、涂膜防水层之间，应设置隔离层。
> ◆隔离层可采用干铺塑料膜、土工布、卷材或铺抹低强度等级砂浆。
> ◆用块体材料做保护层时，宜设置分格缝。

（1）这是案例分析题很好的采分点。

（2）本考点案例分析题的命题方式举例如下：

1）常用屋面隔离层材料有哪些？

2）根据背景资料找出屋面基层与保护工程质量管理的不妥之处，并写出正确做法。

2. 保温与隔热工程

需要注意装配式骨架纤维保温材料施工时的施工顺序，其可能以找出不妥之处的形式进行案例分析题的考核。

◆保温与隔热工程各分项工程每个检验批的抽检数量，应按屋面面积每 $100m^2$ 抽查 1 处，每处应为 $10m^2$，且不得少于 3 处。
◆板状材料保温层采用干铺法施工时，保温材料应紧靠在基层表面上，应铺平垫稳；分层铺设的板块上下层接缝应相互错开，板间缝隙应采用同类材料的碎屑嵌填密实。
◆装配式骨架纤维保温材料施工时，先在基层上铺设保温龙骨或金属龙骨，龙骨间填充纤维保温材料，再在龙骨上铺钉水泥纤维板。
◆种植隔热层与防水层之间宜设细石混凝土保护层。
◆蓄水隔热层与屋面防水层之间应设隔离层。

3. 防水与密封工程

防水与密封工程　　表 1A432040-1

项目	内容
卷材防水层	（1）屋面坡度大于 25% 时，卷材应采取满粘和钉压固定措施。 （2）卷材铺贴方向宜平行于屋脊，且上下层卷材不得相互垂直铺贴。 （3）平行屋脊的卷材搭接缝应顺流水方向。 （4）卷材铺贴方法有冷粘法、热粘法、热熔法、自粘法、焊接法、机械固定法等
复合防水层	（1）卷材与涂料复合使用时，涂膜防水层宜设置在卷材防水层的下面。 （2）卷材与涂膜应粘贴牢固，不得有空鼓和分层现象。 （3）复合防水层总厚度的检验方法：针测法或取样量测
应做隐蔽工程验收的部位	（1）卷材、涂膜防水层的基层。 （2）保温层的隔汽和排汽措施。 （3）保温层的铺设方式、厚度、板材缝隙填充质量及热桥部位的保温措施。 （4）接缝的密封处理。 （5）瓦材与基层的固定措施。 （6）檐沟、天沟、泛水、水落口和变形缝等细部做法。 （7）在屋面易开裂和渗水部位的附加层。 （8）保护层与卷材、涂膜防水层之间的隔离层。 （9）金属板材与基层的固定和板缝间的密封处理。 （10）坡度较大时，防止卷材和保温层下滑的措施

（1）这是案例分析题很好的采分点。

（2）本考点案例分析题的命题方式举例如下：

1）屋面防水卷材铺贴方法还有哪些？

2）屋面卷材防水铺贴顺序和方向要求还有哪些？

3）屋面防水与密封工程应做隐蔽工程验收的部位有哪些？

【考点 2】地面工程施工质量管理的有关规定（☆☆☆）[14、17、22 年单选]

1. 基层铺设

这是单项选择题的采分点，且命题方式很简单。

- ◆砂垫层应采用中砂。
- ◆阴阳角和管道穿过楼板面的根部应增加铺涂附加防水、防油渗隔离层。
- ◆有防水要求的建筑地面工程，铺设前必须对立管、套管和地漏与楼板的节点之间进行密封处理，并应进行隐蔽验收。
- ◆厕浴间和有防水要求的建筑地面必须设置防水隔离层。
- ◆楼层结构必须采用现浇混凝土或整块预制混凝土板，混凝土强度等级不应小于 C20；楼板四周除门洞外，应做混凝土翻边，其高度不应小于 200mm，宽同墙厚，混凝土强度等级不应小于 C20。

2. 板块面层铺设

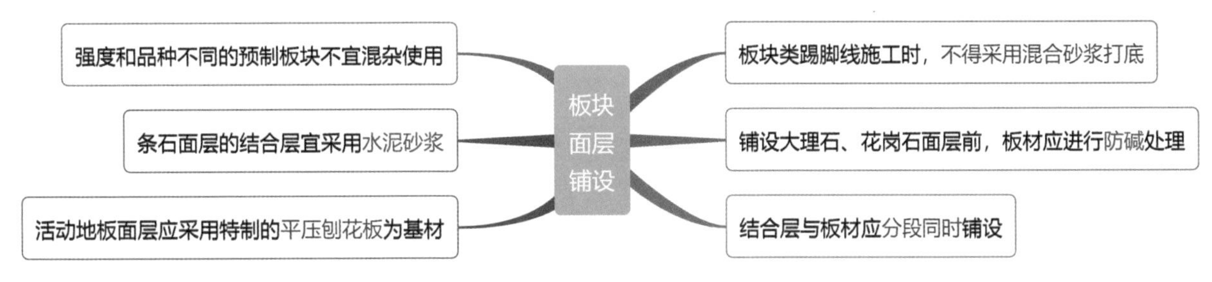

图 1A432040-1 板块面层铺设

（1）这是单项选择题的采分点，且命题方式很简单。

（2）2017 年与 2022 年虽均对同一考点进行了重复性的考核，但提问方式略有不同，要求考试掌握知识点的时候要灵活，不能死记。

（3）本考点的命题方式举例如下：

1）用水泥砂浆铺贴花岗岩板地面前，应对花岗岩板的背面和侧面进行的处理是（　　）。

2）应进行防碱处理的地面面层板材是（　　）。

1A432050 项目管理相关规定

【考点 1】建设工程项目管理的有关规定（☆☆☆）[13、21 年单选，19 年案例]

1. 项目管理责任制度

建立项目管理机构应遵循下列步骤：

- ◆根据项目管理规划大纲、项目管理目标责任书及合同要求明确管理任务。
- ◆根据管理任务分解和归类，明确组织结构。
- ◆根据组织结构，确定岗位职责、权限以及人员配置。
- ◆制定工作程序和管理制度。
- ◆由组织管理层审核认定。

这是多项选择题和案例分析题很好的采分点。

2. 项目管理策划的程序

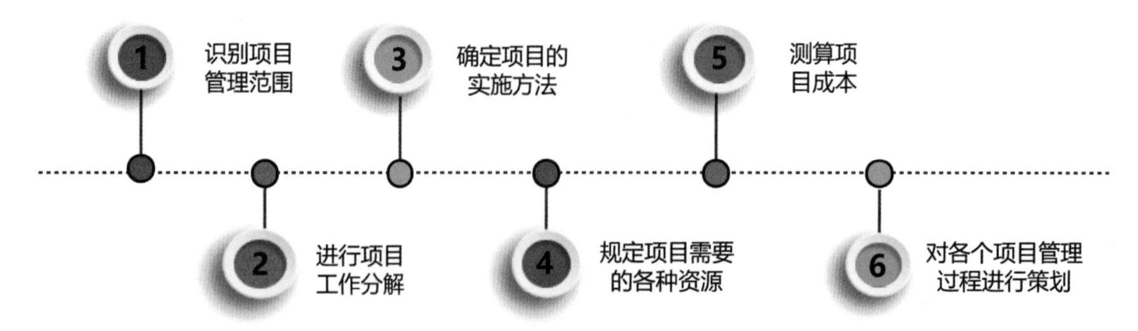

图 1A432050-1　项目管理策划的程序

本考点很可能会以案例分析题的形式进行考核。

3. 合同管理

合同管理　　表 1A432050-1

项目	内容
项目合同管理的程序	合同评审→合同订立→合同实施计划→合同实施控制→合同管理总结
合同评审的内容	（1）合法性、合规性评审。 （2）合理性、可行性评审。 （3）合同严密性、完整性评审。 （4）与产品或过程有关要求的评审。 （5）合同风险评估

（1）关于制定程序可能会选择其中几项来分析判断其程序是否正确。
（2）合同评审的内容易以案例分析题的形式进行命题。

4. 风险管理

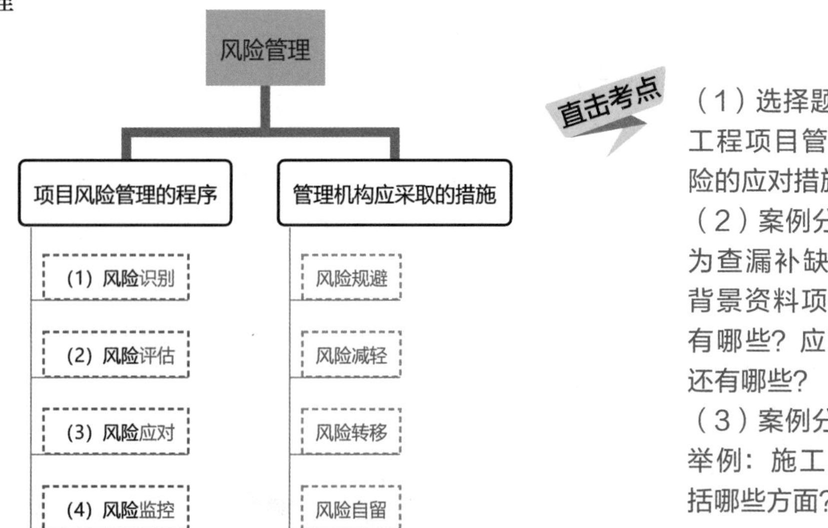

图 1A432050-2　风险管理

直击考点

（1）选择题的命题方式多为：工程项目管理机构针对负面风险的应对措施是（　　）。
（2）案例分析题的命题方式多为查漏补缺的形式，如：根据背景资料项目风险管理程序还有哪些？应对负面风险的措施还有哪些？
（3）案例分析题的简答式提问举例：施工风险管理过程中包括哪些方面？

【考点 2】建设项目工程总承包管理的有关规定（☆☆☆）[18 年案例]

建设项目工程总承包管理的有关规定　表 1A432050-2

项目	内容	
项目策划	项目策划应包括：明确项目策划原则；明确项目技术、质量、安全、费用、进度、职业健康和环境保护等目标，并制定相关管理程序；确定项目的管理模式、组织机构和职责分工；制定资源配置计划；制定项目协调程序；制定风险管理计划；制定分包计划	
项目施工管理	施工执行计划应由施工经理组织编制，经项目经理批准后组织实施，并报业主确认	
项目质量管理	方法	项目质量管理应贯穿项目管理的全过程，按“策划、实施、检查、处置”循环的工作方法进行全过程的质量控制
	程序	明确项目质量目标→建立项目质量管理体系→实施项目质量管理体系→监督检查项目质量管理体系的执行情况→收集、分析、反馈质量信息并制定纠正措施
	内容	项目质量计划应包括：质量目标、指标和要求；质量管理组织与职责；质量管理所需要的过程、文件和资源；实施项目质量目标和要求采取的措施
项目费用管理	费用控制步骤：检查→比较→分析→纠偏	

本考点考核力度较小，挑重点记忆就好。

【考点 3】建筑施工组织设计管理的有关规定（☆☆☆☆）[13、18 年单选，22 年多选，16 年案例]

建筑施工组织设计管理的基本规定

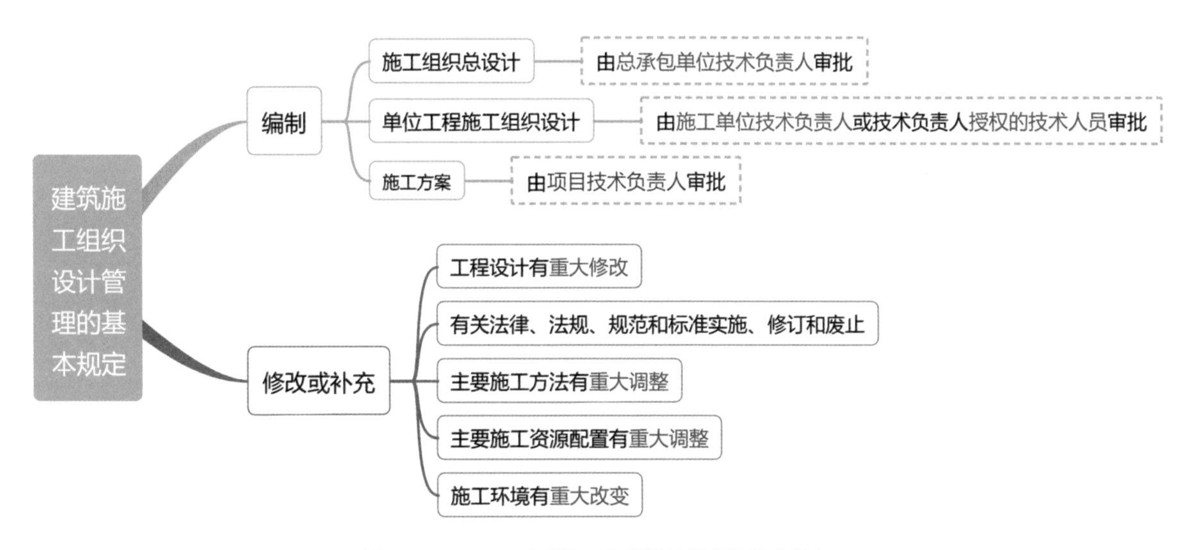

图 1A432050-3　建筑施工组织设计管理的基本规定

（1）重点、难点分部（分项）工程和专项工程（含危险性较大分部分项工程）施工方案应由施工单位技术部门组织相关专家评审，施工单位技术负责人批准。

（2）由专业承包单位施工的分部（分项）工程或专项工程的施工方案，应由专业承包单位技术负责人或其授权的技术人员审批；有总承包单位时，应由总承包单位项目技术负责人核准备案。

（3）规模较大的分部（分项）工程和专项工程的施工方案应按单位工程施工组织设计进行编制和审批。

（4）本考点考核频次较高，且单项选择题、多项选择题和案例题的形式都有涉及。

（5）本考点的命题方式举例如下：

1）施工组织总设计应由（　　）技术负责人审批。

2）施工组织总设计应由总承包单位（　　）审批。

3）施工组织设计应及时修改或补充的情况有（　　）。

4）指出项目施工组织设计编制审批的不妥之处并写出正确做法。

【考点4】建筑节能工程施工质量验收的有关规定（☆☆☆☆）[20、22年多选，21年案例]

1. 建筑节能工程施工质量验收基本规定

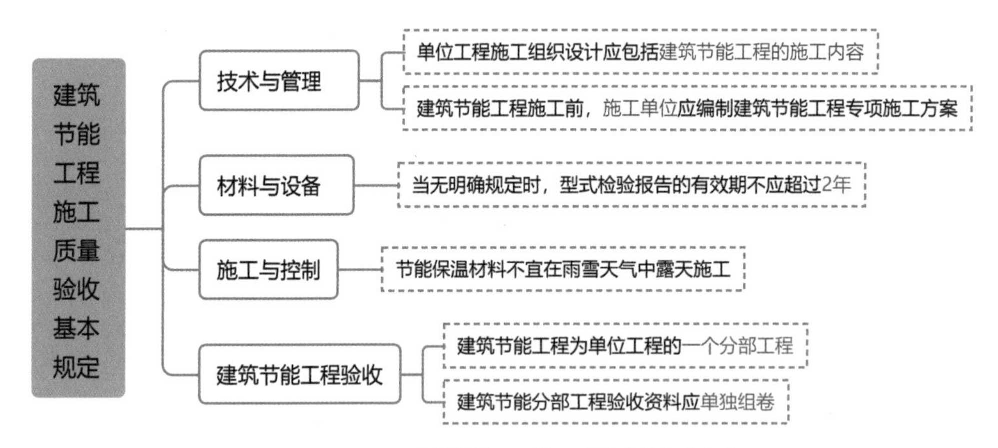

图 1A432050-4　建筑节能工程施工质量验收基本规定

（1）建筑节能子分部工程和分项工程划分见下表。

建筑节能子分部工程和分项工程划分　　表 1A432050-3

分部工程	子分部工程	分项工程
建筑节能	围护结构节能工程	墙体节能工程，幕墙节能工程，门窗节能工程，屋面节能工程，地面节能工程
	供暖空调节能工程	供暖节能工程，通风与空调节能工程，冷热源及管网节能工程
	配电照明节能工程	配电与照明节能工程
	监测控制节能工程	监测与控制节能工程
	可再生能源节能工程	地源热泵换热系统节能工程，太阳能光热系统节能工程，太阳能光伏节能工程

（2）这是多项选择题和案例分析题很好的采分点。

（3）本考点案例分析题的命题方式举例如下：

1）建筑节能工程中的围护结构子分部工程包含哪些分项工程?

2）指出背景资料中关于建筑节能工程施工质量验收的不妥之处，并写出正确做法。

2. 墙体、屋面和地面节能工程采用的材料、构件和设备施工进场复验的内容

◆保温隔热材料的导热系数或热阻、密度、压缩强度或抗压强度、吸水率、燃烧性能（不燃材料除外）及垂直于板面方向的抗拉强度（仅限墙体）。

◆复合保温板等墙体节能定型产品的传热系数或热阻、单位面积质量、拉伸粘结强度及燃烧性能（不燃材料除外）。

◆保温砌块等墙体节能定型产品的传热系数或热阻、抗压强度及吸水率。

◆墙体及屋面反射隔热材料的太阳光反射比及半球发射率。

◆墙体粘结材料的拉伸粘结强度。

◆墙体抹面材料的拉伸粘结强度及压折比。

◆墙体增强网的力学性能及抗腐蚀性能。

（1）本考点于20年至22年连续三年进行了重复性的考核，是多项选择题和案例分析题的考核要点。

（2）本考点的命题方式举例如下：

1）屋面工程中使用的保温材料，必须进场复验的技术指标有（　　）。

2）墙体保温砌块进场复验的内容有（　　）。

3）墙体保温隔热材料进场时需要复验的性能指标有哪些?

3. 建筑幕墙（含采光顶）节能工程采用的材料、构件和设备施工进场复验的内容

◆保温隔热材料的导热系数或热阻、密度、吸水率及燃烧性能（不燃材料除外）。

◆幕墙玻璃的可见光透射比、传热系数、太阳得热系数及中空玻璃的密封性能。

◆隔热型材的抗拉强度及抗剪强度。

◆透光、半透光遮阳材料的太阳光透射比及太阳光反射比。

本考点也可能会以多项选择题或案例分析题的形式进行命题。

4. 门窗（包括天窗）节能工程施工材料、构件和设备的复验

门窗（包括天窗）节能工程施工采用的材料、构件和设备进场时，除核查质量证明文件、节能性能标识证书、门窗节能性能计算书及复验报告外，还应对下列内容进行复验：

◆严寒、寒冷地区门窗的传热系数及气密性能。

◆夏热冬冷地区门窗的传热系数、气密性能，玻璃的太阳得热系数及可见光透射比。

◆夏热冬暖地区门窗的气密性能，玻璃的太阳得热系数及可见光透射比。

◆严寒、寒冷、夏热冬冷和夏热冬暖地区透光、部分透光遮阳材料的太阳光透射比、太阳光反射比及中空玻璃的密封性能。

本考点也可能会以多项选择题或案例分析题的形式进行命题。

图书在版编目（CIP）数据

建筑工程管理与实务考霸笔记 / 全国一级建造师执业资格考试考霸笔记编写委员会编写 . —北京：中国城市出版社，2023.6
（全国一级建造师执业资格考试考霸笔记）
ISBN 978-7-5074-3607-5

Ⅰ.①建… Ⅱ.①全… Ⅲ.①建筑工程－工程管理－资格考试－自学参考资料 Ⅳ.① TU71

中国国家版本馆CIP数据核字（2023）第085246号

责任编辑：冯江晓
责任校对：芦欣甜
书籍设计：强 森

全国一级建造师执业资格考试考霸笔记
建筑工程管理与实务考霸笔记
全国一级建造师执业资格考试考霸笔记编写委员会 编写
*
中国建筑工业出版社、中国城市出版社出版、发行（北京海淀三里河路 9 号）
各地新华书店、建筑书店经销
北京海视强森文化传媒有限公司制版
临西县阅读时光印刷有限公司印刷
*
开本：880 毫米 × 1230 毫米 1/16 印张：$10\frac{1}{4}$ 字数：275 千字
2023 年 6 月第一版 2023 年 6 月第一次印刷
定价：**68.00** 元
ISBN 978-7-5074-3607-5
（904608）